U0518260

匠人精神 III

培养一流人才的核心秘诀

[日] 秋山利辉 著

陈晓丽 译

家具职人、「秋山木工」代表

中信出版集团 | 北京

图书在版编目（CIP）数据

匠人精神. Ⅲ, 培养一流人才的核心秘诀/（日）秋
山利辉著；陈晓丽译. -- 北京：中信出版社, 2022.8（2024.3重印）
ISBN 978-7-5217-4439-2

Ⅰ.①匠… Ⅱ.①秋…②陈… Ⅲ.①成功心理 – 通
俗读物 Ⅳ.①B848.4-49

中国版本图书馆CIP数据核字（2022）第085203号

匠人精神 Ⅲ：培养一流人才的核心秘诀

著者：[日] 秋山利辉
译者：陈晓丽
出版发行：中信出版集团股份有限公司
（北京市朝阳区东三环北路 27 号嘉铭中心　邮编　100020）
承印者：　北京通州皇家印刷厂

开本：880mm×1230mm　1/32　　印张：5.25　　字数：98 千字
版次：2022 年 8 月第 1 版　　印次：2024 年 3 月第 4 次印刷
京权图字：01-2022-3209　　书号：ISBN 978-7-5217-4439-2
定价：56.00 元

图书策划：■ 活字文化

目录

第一章　| 秋山学徒制的秘诀

第二章　| 行孝的10种益处

第三章　| 行孝的10个方法

第四章 | 秋山弟子不可思议的例证

薪火相传，报恩人生

——师徒制：父母心 × 孝子心

梁正中

秋山木工坊主人秋山利辉先生所写的《匠人精神》I、II 中文版自上市以来，引起了社会各界的关注，很多华人企业家、教育工作者等"追星"到日本"取经"，甚至有家长想把孩子送进工坊受教，然而，几乎都无功而返。

或许是因为，外行只看热闹，内行方知看门道？

到底秋山木工修的是哪一门？行的到底是哪一道？

秋山木工坊于秋山利辉先生27岁（1971年）时创立，类似传统"店家"——"前店后家"模式。秋山先生少时得益于"师徒制"，过程中看到越来越多的工匠让技艺沦为争名夺利的工具，因而立志改变"时弊"开办工厂，但定位为"学校"，旨在"为21世纪日本乃至世界培养一流人才"。

秋山木工坊本质上是师徒共住八年的家，是木匠的技校，更是磨炼心性的道场。秋山利辉把95%的时间、心力花在教育人品上。秋山弟子在会社宿舍过集体生活，一起扫除、做饭、干活，日复一日历事练心，以期德技双修，成就儒家君子的人品之根：从孝道而学"君子素其位而行"。透过学会为人徒弟（学生），同时也明白如何为人子女。学徒五年期满，经考核成为工匠后，还有三年"报恩期"，要练习带领新进同学、学会为人师父（老师），也为来日为人父母做预备。

首先来看秋山先生如何做师父，如何为人父母。

一、德的层面：秋山先生是"学为人师、行为典范"的师父，传道、授业、解惑。与一般工厂不同，秋山先生创业初衷就是要传承匠人精神，而人的精神若欲彰显在日常生活中，仍不外乎中国儒家的修齐之道：齐家在一人身修，修身在立德（即正心诚意），德之本在孝。正如《孝经》所开宗明义："夫孝，德之本也，教之所由生也。"

二、技的层面：秋山先生是日本一流工匠，其作品很早就被选为日本皇室御用。

三、家的层面：秋山先生是弟子们的严父，教导过程一如禅宗师父，非棒即喝，严格评审、不轻易表扬，以助弟子破除小我、发明心地，从而激发他们恭敬的孝心，以及大公无私为天下的胸怀；秋山先生也是弟子们的慈母，教大家学习生活、锻炼身体，乃至协助成家，慈爱满满。凡弟子结婚，秋山先生都会致上祝贺礼金；婚后生了孩子，还会另赠礼金。

《孝经·圣治章第九》说："圣人因严以教敬，因亲以教爱。圣人之教不肃而成，其政不严而治，其所因者本也。……故不爱其亲而爱他人者，谓之悖德；不敬其亲而敬他人者，谓之悖礼。"重在传承的"师徒制"育人方式，实则是师道、孝道合一。秋山先生为人师父，的确名副其实"亦师亦父"。

秋山先生喜欢随身携带家谱，每日念诵父母和祖先的名讳。秋山木工坊的访客应该都看过他展示12代家系图。这些年，我很荣幸常受邀到秋山先生家做客，最让我感动的就是见他一大家子其乐融融。秋山先生家是当今少有的大家庭，12人一起生活，各司其职，忙中有序，即便是幼小的孩子也会主动为宾客奉茶、整齐摆放鞋子，努力分担力所能及的家事。

秋山先生家平常对弟子们也是完全敞开的。在家，他把自己活成子孙的榜样；在工坊，他也是弟子们的楷模。今天有多少人做企业、办学校乃至养儿育女的目标，是为国家、民族乃至世界培养一流人才？有多少人意识到自己心性的真修实练是最重要的前提？如果自己不是心性一流的人，又怎能培养出心性一流的人才？

我们来看秋山木工的弟子们如何学习做徒弟，如何学习为人子女。

德的层面，他们是徒弟，要传承匠人精神；技的层面，他们是学徒，必须完备一技之长；家的层面，他们是秋山先生的另类子女，每天跟随秋山先生，耳濡目染，自然明白了为人子女的本分。

秋山木工的弟子们在做而其他公司没做的，其实只有一件事，那就是孝敬父母师长，实践孝行。

长达八年合宿期间，秋山先生利用各种方式，引领弟子们学会做人子女，学会在孩子位上"爱其亲、敬其亲"，"拼命让父母开心、感动"，因为只有这样的人，将来才可能赢得亲朋与顾客的心。

秋山木工坊招生还要面试父母，并邀他们参加木工展览会，而且规定弟子必须以日志手绘本的形式定期向父母汇报学习状况，这样既能培养孩子的自信心和感恩心，同时无形中又鼓舞了父母与孩子一起成长。秋山弟子的父母中，就有因为"不想输给正在努力的孩子"而再去上大学的案例。

有一次，与秋山先生谈及，若父母有大缺失，子女应如何尽孝？我提及中华祖先舜帝的故事。相传舜的父亲瞽叟及继母、异母弟象等，多次想害死他，但舜毫不记恨，仍恭敬父亲、友爱弟弟。《中庸》肯定舜的孝行："舜其大孝也与！德为圣人，尊为天子，富有四海之内。宗庙飨之，子孙保之。故大德必得其位，必得其禄，必得其名，必得其寿……故大德者必受命。"舜告诉我们，孝道是不管父母慈不慈，只问自己孝不孝。道是相对而生、绝对而行的。只有行孝至诚，才能让自己乃至生命之河上游的父母祖先等弥补短处，洗涤清净。这才是真正的"君子素其位而行"。

秋山先生听了颇有所感，本书"行孝的10个方法"中，便特别撰写一项：行孝要继承父母德行的优点、弥补缺点。

师徒之间同频共振，交汇点就在这一颗"心"上。秋山木工的教育是心育，贯彻的都是心法。师父，必须拥有传道心、父母心。弟子，必须拥有承道心、孝子心。师徒齐心协力，素位而行，正心诚意功夫到家，师父能随顺弟子根器，观机逗教；徒弟则会紧紧跟上师父心教，听话照做，直至最后经守破离而超越师父。

因此，"师徒制"育人，在上位者能"素位而行"，能常常扪心自问：我把自己活成徒弟/孩子/下属的模范了吗？他们是否有样可见、有样可学？在下位者也要"素位而行"，能常内观反省：我有承传师父/父母/上司的优秀品质、见样学样了吗？他们是否以我为荣，因我骄傲？《孝经·感应章第十六》明示："孝悌之至，通于神明，光于四海，无所不通。"行孝是处下位者究竟圆满的活法。

如此，"师徒制"育人方式才能真正落地，一流心性人才的培养才能得到实现。

回想起我与秋山先生一见如故，或许正因为孝道精神上的相契。大学时，父母为了让离家出远门的我安心，三天两头写信给我，我感受到父母的慈爱，信到必回，报告日常。

后来与父母往来信件居然累积达七八百封。父亲七十岁生日时，我将那些信编辑成册，并请画家手绘插图，当作生日礼物，那日父亲一见就激动到老泪纵横。最近十多年来，跟父母共住时间最多。看到父母老当益壮，每日精进身心，我也重回赤子，尽享天伦之乐。正是可敬的父亲和爱人如己的母亲，自幼为我深深扎下孝根，潜移默化，而后我也开启了孝道传家的旅程，每年给孩子们创造分别尽孝的机缘。每次两周左右，完全一对一的"二人世界"，把自己完全交给孩子，让孩子主导一切，带着我一起过日常、历世界。过程中彼此成长成全。不管世事风云如何变幻，我们都同心协力，一起探索、分享人生活法。

　　学习为人父母（师父）、为人子女（学生），是每个人一生的功课。怀抱对父母祖先的知恩、感恩、报恩之情，我们将效仿秋山先生及其"师徒制"，筹建匠人精神（孝道）传习中心，使之成为立志用自己的生命体去究竟活法、愿意具有一流心性的"成人"之孵化器。

　　愿天下志愿成为秋山先生这样的"人师""心师"的父母、教育工作者、各民生行业的领导者等，与我们一同共筑、共建、共享可以进德修业、安顿生命，以至成就立德、立功、立言三不朽人生的平台。

　　　　　　　　　（本文作者为匠人精神"孝道"传习中心发起人）

——

孝顺蕴藏人生成功方程式

很多人想在工作上取得成功，但迟迟没能实现，总想着："好像不该从事目前这份工作……""应该有更适合我的公司吧？"

其实往往是因为工作不认真，没有全心全意去做。如果绝对认真对待眼前、当下的工作，即使是日复一日，也可能发现前所未有的快乐与价值。

认定自己"只有这个了"，因而死心塌地的那一瞬间，人就改变了。即使周围的人都要你放弃，你也不会放弃，而是更加深入，一心一意要磨炼自己，直到闪闪发光。

如何才能这样绝不放弃呢？

那就要牢牢记住一个重要的信念：

"我想让父母高兴。为了让父母高兴，我要认真做这个。"

能这样思想，对于你来说，那份工作瞬间就变成"天职"。

所谓父母，就是能为人生带来这样关键影响力的人。

本书以真实事例为本，谈论父母的无私奉献，以及孝敬父母的无边功德，几乎能解决你工作上的所有迷惘。请用心理解其本质，你一定会成为最优秀的一流人才。

换句话说，孝敬父母是成为一流人才的基础。

这一点正好补充了我在之前的《匠人精神》中所提出的一流人才育成的30条法则。

"匠人须知30条"是成为匠人的基本条件，就像汽车的零部件一样。将30个零散的零部件组装起来，一辆车就完成了。汽车行驶需要燃料，而"行孝道"就是人行走社会的燃料。

秋山木工的研修必须做到行孝道，这样才能培养出家具匠人的超级明星。

那么，如何通过行孝和"匠人须知30条"来获得事业上的成功呢？

本书将对此进行更详细的说明。

接下来我要介绍的"行孝的10种益处和10个方法"，原本也是从中国学来的。"孝道"是中国自古以来的优良传统，我所倡导的"孝道"的重要性也与生活方式息息相关。本书如果能对读者朋友有所帮助，我将感到十分荣幸。另外，我要对中国这位"老师"表示感谢！

行孝道是父母期待我们做的事情

如果用一句话来概括孝道，那就是感恩之情。你对别人的感恩之情是不是变淡了呢？如果是，可以试着用"谢谢"把感恩之情表达出来，那样，你的内心会得到安宁，而且自己的心意也能传达给对方。

只靠语言就能改变自己，如果再加上反复实践又会怎样呢？结果您应该已经知道了。

我的公司"秋山木工"是一家做家具的企业，我们独创的"工匠研修制度"备受关注。在我们这里，见习生被称为"学徒"，学徒期满后，再以工匠身份继续学习。

学徒制度是日本江户时代（1603年—1868年）很多商家实行的制度。这是一种住店工作制度，学徒在此期间要努力工作，然后晋升为"伙计"，再晋升为负责店铺的"掌柜"。

我年轻的时候，就做过最底层的学徒，这也是秋山木工"工匠研修制度"的基础。

○住四年集体宿舍

○禁止使用手机

○禁止与父母见面

○禁止恋爱

○休假仅限盂兰盆节（8月）和新年（1月）

研修期间的这些基本要求，可能会被认为落伍了，但其实还有更细致的生活规则。

就工作而言，干劲自然必不可少。但即使做普通工作，也能获得足以维持一般生活的收入。如果想要更上一层楼，就要做一个能让别人高兴、关心别人的人。只要能做到这一点，剩下的就不用管了。

在我这里，24岁就已经能挣到同龄人的两倍收入了。

因为学徒制度，我过了五年的集体生活。不仅学习了制作家具的技术，还学会了作为匠人的言行举止和精神。在集体生活中，不知道关心他人是不行的。我能有现在的成就，毫无疑问也是学徒制度的功劳。

我一定会和希望当学徒的孩子的父母面谈，因为只要看到父母，就能了解孩子。

让孩子待在身边，按照家长的愿望去发展，这是大多数父母的心愿，但往往这样的孩子反而不孝。所以，"我想送你去你所期望的秋山木工学习"，能够这样做的父母已经做好了让孩子来秋山木工研修的心理准备。

孝顺父母的起点在父母，父母能行孝，孩子就孝顺。

在秋山木工研修期间，孩子们很难和父母见面，沟通只能通过写信。实际上，我给他们人手一本素描簿，让他们把研修内容、感想和每天的事情像记日记一样写下来。每写完一本，我就寄给他们的父母看。

父母读了会流泪，并写下感言。而读到父母感言的孩子，几乎都会哭起来。

这样的眼泪是什么样的眼泪？

眼泪来源于感动。父母看到送出去的孩子在成长，会很高兴。而孩子看到父母的手写回信，也能切身感受到父母的爱，于是萌生感恩之情，这就是孝顺。

孩子想要听到父母真正的心声，就会努力让父母高兴。

没有比行孝更快乐的事了

行孝的有趣之处在于，不能重复使用同样的方法。即使第一次的方法成功了，第二次再用同样的方法就行不通了，因为父母不会为第二次同样的做法而惊讶。所以孩子就要下决心"不做和昨天同样的事"，"创造出新的行孝方法"。结果，越是研究父母，越是会下功夫，想法也越多，头脑也变得越聪明。

这么一想就会明白，行孝是这个世界上最快乐、最奢侈的事情。这件事，自己不亲自去做是体会不到的。

当父母发自内心地为孩子高兴时，孩子最能感受到幸福。也就是说，只要行孝，人就能凭借自己的力量获得幸福。

我写这本书的目的，也是想把行孝的快乐传递给中国的朋友们。

我建议企业的经营管理者要鼓励员工行孝道，因为只要培养出有孝心的员工，他们的工作和人际关系就都会变好，公司也一定会越来越好。离职率也会下降。因为即使员工想辞职，父母也会说服孩子。他们会感激公司替他们培养出了孝顺的儿女，而反过来帮公司的忙。

没有哪个父母不希望孩子获得幸福。孩子不断成长并超越父母获得幸福，这才是最好的行孝道。

让父母欢喜的生活方式一定会让自己的人生熠熠生辉。如果能有更多的人说"谢谢你把我带到这个世界上"，那就再没有比这更幸福的事了。

第一章

秋山学徒制的秘诀

听说许多企业为年轻工作者的培育问题煞费苦心，
读遍各种有关人才培训书籍、参加研讨会、出访学习……
即使如此，还是没多大进展。
依我的看法，那是因为完全漏掉了一件事。
秋山木工在做而其他公司没有做的，
其实仅仅只有一件事。

在秋山木工，要经历见习一年、学徒四年、工匠三年，
合计八年的养成，才能成为独当一面的合格工匠

每天清晨 6 点，
沿工坊旁的街区跑一圈，
是常年坚持的晨间长跑，
风雨无阻，
年近八十的创办人秋山利辉也没缺席

我在神奈川县横滨市经营定制家具的"秋山木工"。

小小的工坊于1971年开始营业。迄今为止，我们的客户从日本官内厅、迎宾馆、国会大厦、高级酒店、百货店、高级品牌店，到美术馆、医院、普通家庭，形形色色。

此外，日本全国各地的公司经营者和干部们常来这里参观学习，其中不乏汽车制造厂、铁路公司、银行等有名的一流企业。

然而，这些人并不是为了看一流工匠技术而来，他们感兴趣的是秋山木工的"一流人才培养"方法。

秋山木工创设了独特的匠人研修制度，培养一名一流工匠需投入八到十年时间。

尤其在最初五年"学徒时期"，比起技术性的训练，更加重视做人的修养，如调整生活态度，学习礼仪，学会感谢、尊敬、谦虚，关心他人等。

所谓"一流工匠"，人品比技术更重要。因为我相信，整合各种能力与生活修养的一流工匠，在全日本，不，在全世界，都能大显身手、发挥长才。

为了培养最优秀的人，以寄宿制的集体生活为根本，男女一律理光头，研修期间禁用手机，禁止恋爱，每天清晨从跑步开始，晚上要提交报告日记等，日常生活规则相当严谨。任何人要是不能遵守，就马上卷铺盖回家。

另外，即使通过了学徒期，要是人品得不到我的认可，不管技术多高超，我也不认可他是匠人，不接受他继续留下来。

这可能与时下的工作方式或劳动法规背道而驰，但是为了培养能畅行世界的一流匠人，制作出让人感到幸福的东西，我认为这是必要的过程。

因此，我将这"现代学徒制度"一贯彻就超过四十年。

不知道是不是因为这样，反而经常被电视等媒体报道，或许也有书籍的影响，使得许多人特意从远方赶来，想研究"秋山先生的人才教育法"，或是想看看"秋山先生的教育现场"。

拙作《匠人精神》I、II被翻译成中文出版，市场反应不错，吸引不少中国企业家前来观摩咨询，包括有七千员工的大企业，也派干部来视察。

听说在中国许多企业也为年轻工作者的培育问题煞费苦心，读遍各种人才培训书籍、参加研讨会、出访学习……即使如此，还是没多大进展。依我的看法，那是因为完全漏掉了一件事。

秋山木工在做而其他公司没有做的，其实仅仅只有一件事。

这件事也是本书的主题，那就是"孝敬父母"——孝行的实践。

行孝，就是与父母进行沟通

建立优良人格的基础就是孝敬父母。

秋山木工从学徒见习的那一天开始，就明白教导这件事：

"如果能做到孝敬父母，技术必能跟上，真正孝敬父母的人才能成为一流匠人。"

但是，无论如何教导孝敬父母，如果上位的人自己不孝敬父母，那也不能引发员工的干劲。

我听说，现在社会上不珍惜父母的人越来越多。这样的人觉得自己是随心所欲出生的吧？这种人因此最重视自己，一切以自己为前提，基本上都是将金钱和时间用于自己。

即使是在社会上做了了不起的工作的人，没有特别的事就不和父母联系，与父母关系不好的人也很多。也许还有与自己孩子关系也不好的人。

现在不像从前那样是大家族生活，不知是不是现在父母与孩子分开生活的比较多，孩子对父母的感谢之情非常淡薄。看着不照顾祖父母的父母背影而长大的孩子，似乎也有认为无须照顾父母的倾向。

但是，如果被问起："你孝敬父母了吗？"为什么心里还是隐隐有触动，觉得有点不好意思和羞愧？

我认为这是由于很久很久以前，人们就从祖先那里学会了孝敬父母，这已成了人类的基因。我们是由父母所生，父母又分别由他们各自的父母所生。

如此向上追溯三十四代前后，我们到底有多少位祖先呢？实际上约有一百亿位。缺少了其中的任何一位，都不会有现在的自己。而且，生活在当下的我们，继承了大约一百亿位祖先的基因。"尊重父母"这句话代代相传。

自己是在众多祖先的荫护下成长的——只要这么一想，就会明白自己原本是多么幸福，也知道大约有一百亿位值得自己感恩的人。

这一百亿位当中，离我们最近的，就是生下我们的父母，和生下我们父母的父母。饱含对祖先的感谢之情，珍惜父母和祖父母是理所当然的；而且，如果让父母和祖父母高兴，也会传达到祖先那里去。这样的话，在某些关键时刻，祖先的支持也会传达到我们的身边。

偶然好运连连、濒临放弃的事突然转为顺利、危急时刻出现了意外的援助，这些都可视为因平日孝敬父母而让祖先欣慰的证据，我们可以坦诚感谢祖先的恩泽，继续孝敬父母。

在这个世界上，让别人开心就会产生更好的交流。父母是把我们带到这个世界上来的最亲近的人，他们最高兴的是看到孩子幸福生活。

匠人精神 Ⅲ：培养一流人才的核心秘诀

成为超越
父母的人

我父亲的人生常处在懊悔之中。他总是说：

"那时候如果没有战争的话……""那时候如果没有受伤的话……""那个买卖要是进展顺利的话……""要是不借钱的话……"

他原本是有钱人家的少爷，由于在战争中受伤，家道中落，沦为全村最贫困的人，一家八人连糊口都有困难。我小时候每天都在村子里打转，到处拜托邻居分点米给我们。

当时我幼小的心灵便意识到，爸爸这样抱怨，也不能改变生活，我一定不能像他这样。

我想，我只要做与父亲相反的事就好了，绝对要避免父亲的缺点。

下决心不抱怨。

人在看别人的时候，总是习惯去寻找缺点。但如果先看到其优点，我们的思想就会改变。

大阪时代的秋山利辉

年轻时的秋山利辉
（右一）

秋山利辉与家人
（后排左起为大女婿、大女儿、二女儿）

○不抱怨
○看优点

　　我有一种这样的人生哲学，那就是超越父母。那么怎样才能超越父母呢？秘诀就是设法接近自己敬重的人，了解他。每个人都有多面性，所以要先看他好的一面。先看优点，再看缺陷，就会发现缺陷其实不值一提。

当我了解到这一点后，就对父母产生了感恩之情。我深刻领悟到父母的生养正是我感恩之情的源头。

从那以后，诸如"那时要是那样做就好了"这类的话，我一次也没说过。

为了不说这样的话，就要集中精神、一心一意活在当下。日积月累贯彻执行下来，之后连抱怨的话也没说过了。而且，即使失败了，因为当初是自己要去做的事，所以便毫不后悔。

十六岁时，我进入家具工匠这一行。为了早日成为一流工匠，我拼命磨炼技术。二十多岁时，我告诉父母，皇宫和昭和天皇研究室的家具都将交给我来做，他们大吃一惊，喜出望外，当场转来转去，不断地念叨："我儿子在做天皇的家具！"

那之后，我创办秋山木工，在认真培养家具匠人巨星的过程中，又上了电视。父母更惊讶了，直说："不敢相信！我儿子在电视上！"

我很高兴他们能以我为荣，为我深感骄傲。后来生意步入正轨，我买了一间房子给他们当作礼物，他们第一次能脱离租房生活，不禁喜极而泣。

以我的情况来看，幼时家贫也许反倒是件幸运的事。我能在生意上努力，与贫困的距离越来越远，都是托父母的福。这样的结果终于消除父亲生意失败的遗憾。

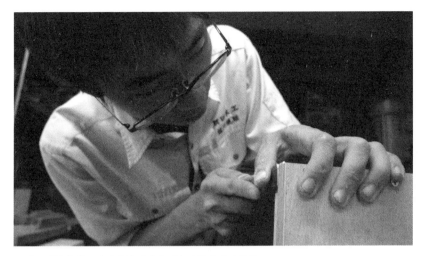

一流工匠的养成，从反复练习每个不起眼的基本功开始

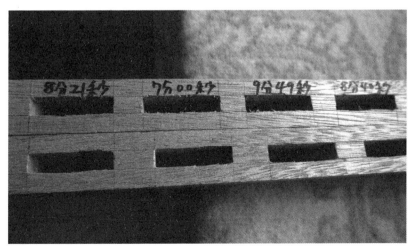

能精准使用凿子在木块中挖洞，是制作家具的基本功。

每次练习都要计时，以求做工精准且完美

秋山工坊还对学徒的父母进行面试

从秋山木工毕业的独立木匠笑着说："秋山先生总是提醒要孝顺父母，要让孝顺坦率的人进公司，那样的人具备成为一流匠人的素质。实际上改变人真的是很难的事情。为了看清人品，还要看他们的父母。除了本人的面试外，还要对父母进行面试。"

与父母见面，是为了确认他们是否有和我一起培养孩子的觉悟。根据情况，有时也会拒绝录取。

一种情况是，父母本身对自己的父母不孝顺。

没让孩子看到自己孝顺父母的人，自己的孩子也不会孝敬父母。因为树立了坏形象，孩子也会变成那样。

一个完全不懂孝道的人，会毫不在乎地背叛、欺骗他人。而且孩子看到其言行，也一定会效仿。对这样的孩子，再怎么教导"行孝道的重要性"，他们也只能很肤浅地理解，要将其培养成优秀的工匠是非常困难的。

还有一种情况是，父母不信任孩子。

这种情况多见于学识地位高的父母，他们会说："我们家孩子不可能忍受这种严酷的修行""他哪能坚持八年"，一开始就被父母否定的孩子，往后再怎么矫正也难以改变。他们因没被父母认可过，而产生了自卑感。要除去"反正我就是不行"的想法不是一件容易的事。

不管本人说多么想进秋山木工，如果父母是这样的话，最终我还是会拒绝。

但偏偏是这样的父母会问："为什么我们的孩子得不到雇用呢？"虽然他们不信任自己的孩子，但是一旦孩子被淘汰，这些自命不凡的父母又很不满。

相反，父母相信孩子，只要这样就足够了，这蕴藏着成功的素质。而且，如果在和爷爷奶奶一起生活的大家庭里长大的话，更容易自然而然形成对人的温柔体贴，这样的孩子本是一流匠人的宝矿，值得一步步仔细磨砺。

父母在孩子修行过程中的作用，有时是一种鼓励，让孩子不会半途而废，有时则要以坚定的态度冷眼旁观。孩子们每天都被我责骂，不断挑战自己能力的上限，正当想着辞职算了的时候，如果父母以理解包容的态度轻松看待的话，孩子的挫折感就会自然淡化了。

在走向一流人才的道路上，父母要狠下心来推孩子一把，让他不时回到好好学习的正轨上。而我的作用是，牵着回来的孩子的手，拼命地带他奔向终点。

无论是在工坊或作业场所，师父和前辈都肩负指导后辈学徒的责任，是
难得一见的"现代学徒制"

穿着厚重冬衣，在暖炉全开的工作坊内，
使出101%的力气，认真练习

"读书、写字、打算盘"是学徒们必练的三大基本功，
勤练书法、专心写字，让身体和大脑维持专注力

满面笑容搭配充满元气的自我介绍，
是秋山木工给人的第一印象，
即使再忙碌也能保持亲切的态度

身为秋山木工的大家长，秋山利辉总是和大家一起吃饭，
如果有人挑食或吃相不佳，也会适时指正

让父母高兴，是激发个人潜能的开端

拥有坦率温柔之心的孩子，一天就能令人刮目相看。那个突破口在于自我介绍。如果第一天不能以一分钟完成自我介绍的话，就不能进入秋山学校了。

自我介绍分为四个部分。首先要说名字、出生地、毕业学校、年龄，接下来是家庭构成和父母的介绍，然后说明要来秋山木工工作的理由，最后总结一下将来的目标。

○姓名、籍贯、毕业学校、年龄

○家庭构成、父母介绍

○为什么要来秋山木工工作？

○将来的目标

把这些内容概括成一分钟的自我介绍。

说完将来的目标，一定要说的结语是："我将成为一个×××的匠人，让父母高兴。我会认真做的，请多多关照。"

必须这样一直大声重复自我介绍，直到说得流利为止。在我点头说"可以"之前，不能回宿舍安顿行李。

但是，只要能完成自我介绍，孩子们的想法就会一下子改变。因为这是自己向自己宣布"我要让父母高兴"，所以他们会暗下决心："一定不要做出让父母失望的行为。"

换句话说，到昨天为止，依靠父母是理所当然的，而今自己开始工作，"孝敬父母的基准值"也会有很大的变化，以后，固定新的"基准值"就是了。

秋山木工每天都会有各式各样的客人来参观。多的时候，一天三次以上，总计次数的话，五年内就要在客人面前进行数千次自我介绍。

每天都说"我要让父母高兴"，无形中便会变得认真起来；然后，无意识地进行流利的自我介绍，渐渐地自己也真的变成能干的匠人了。

所谓"能干的匠人"，其技术能达到客人要求之上的标准，人格也很高尚。

很久以前，日本有一种叫"寺子屋"的学习机构，是供年幼的孩子学习读写、习字、练书法和做学问的场所。在这里，即使一开始是很难的单词，如果能背下来并流利地说出，那么就能理解其原意，从而转化为自己的学问。

我采用"寺子屋"的教学方法，将日本的优良传统运用到现实中，并让弟子们学习和沿袭。

经常怀想"因为有那么一句话，才有了现在的自己"，或宣言自己"将来会成为一流匠人，让父母高兴"，都是激发一流匠人潜力的契机。

最初，孩子们几乎都觉得："我是来学习做家具的，为什么要做自我介绍呢？"如果反问他为什么来学习做家具，那些说不清楚理由的，最后往往无法实现目标。

那个"为什么"，是"为了让父母高兴"。"为了让父母高兴"才真正认真做事，在那个自我介绍的场景下，让他们理解这一点是很重要的。

真的认真起来的话，即使遇到困难，心情也不会摇摆不定。

孝敬父母是沮丧的防波堤

对于以成为"一流的家具匠人"为目标的孩子们来说，最大的敌人就是自己。

特别是年轻人，觉得"大伙儿在一起"便是个安心的寄身之处，大家都很害怕一个人，在这样的情况下，真的很难闯出自己的道路。

即使平时专心学习，回家探亲时，看到周围人都在玩，也会在意。当朋友问"不用那么努力吧"时，就会觉得只有自己最辛苦，不禁怀疑"这样真的好吗"。

当心情开始摇摆不定，能战胜这诱惑与别人目光的，就是对父母的孝心。

就算别人说"那家伙和别人不一样"，也会坦然做自己，继续贯彻到底，那是因为父母的存在——为了让父母高兴，我要成为"一流的家具匠人"。这样的决心很坚定的话，目标就不会动摇，也不会被周围人的想法左右。

换言之，除了"孝顺"以外的设定，都很难忍受持续五年

每月举办"寿喜烧联欢会"，拉近彼此距离，
整个工坊就像一个大家庭

严苛的修炼。比如说，"想成为有钱人"所以去当家具匠人，
"想成为有名的人"所以去当家具匠人……以这样的理由来加
入秋山木工的，多半会受挫、半途而废。因为，这动机只是
为了自己的欲望。

　　没有什么是能替代父母的，正因为如此，当沮丧如潮

水来袭时，父母会成为你心灵的防波堤。只要不忘记孝顺父母，无论多么辛苦的逆境就都能克服。一心一意的话，就没有"现在很痛苦"的念头了。

在掌握技术之前，最重要的是建立自己的轴心，孝敬父母会为你将这轴心安装妥当，这是顺利运转成为一流匠人的第一步。

坚持孝敬父母的话，就会切实感受到，生活的所有原动力都源于此。

我发现，若不曾有让父母高兴的经验，学徒实际接触客人时，想让客人高兴是不可能的。我也知道，让别人真心欢喜需要一种极大的力量。

为了赚钱，当然有人会装作很在意客人的样子，但是真诚地想让别人幸福的人稀缺。如果先讲求赚钱，然后再让客人高兴，最终一定会失败的。这跟下棋一样，如果顺序颠倒，就满盘皆输。相反地，只要先让别人赚钱，自己就必能存到钱。

要把孝敬父母放在第一位。懂得孝敬父母的人，就会首先让客人心情舒畅，那样的话，幸福就会自然而然来到身边。

只要知道这一点，自己就会认真地改变，即使师父没有时间亲自传授技术，八年后也自然会成为能体谅人的一流匠人。

让我自豪的是我们的工匠。如果向全世界宣传推广，比起家具，我更愿意宣传的是我们家的工匠。

▲ 刚入工坊的学徒，每晚都要提交日记，
平均两周可写完一本素描簿。
五年的学徒研修结束时，
每人都会累积近百本生活笔记

▶ 见习期间不能使用电话或短信，
只能通过书信与父母沟通，
一字一句道出对父母的感激

平成31年 3月19日

米林偉斗

平成27年 3月20日(金)

〈今日やったこと〉
自己紹介
工場見学
木の種類を学ばせて頂いたこと
親、先生、兄、妹への手紙

丁 稲

师兄们会轮流在页面空白
处写上建议，并由秋山先
生做最终的检查，再寄给
学员的父母

每个学员都有自己专业的笔记本，
用文字、插画或照片，
记录生活与学习的点点滴滴

孝敬父母本身相当有乐趣

　　孝敬父母本身也有相当大的乐趣，那就是不能重复用老方法。即使一个办法第一次成功了，第二次父母就没惊喜了。以这样的决心来研究如何孝敬父母、让父母欢喜。越努力就越有创意，无形中头脑也会变聪明。

　　这样想的话，孝敬父母真是世上最快乐、最奢侈的事，这一点不亲自尝试便无法理解。

　　看父母打从心底高兴，正是人最能感受到幸福的时刻吧？也就是说，如果孝敬父母的话，人将通过自己的力量变得幸福。

　　我写这本书也是希望让中文世界的诸位欢喜，想传达孝敬父母其实是充满乐趣的这一观点。

　　我也想向企业经营者们推荐，要鼓励员工孝敬父母。培养了有孝心的员工，将有利于工作和人际关系，公司营运也会随之变好。

　　当然离职率也会下降。即使员工想辞职，父母也会帮公司说服孩子留下来继续努力，因为他们感谢公司培养了孝敬父母的孩子。

父母无不希望孩子幸福。孩子获得成长，幸福超越父母，才是最高的孝敬。

让父母高兴的生活方式使人生闪耀。没有比为世界增添一个能对父母由衷感恩说"谢谢你们生下我"这样的人，更加美好的事了。

第二章

行孝的 10 种益处

家庭出身、饮食习惯、社会环境……有很多因素在影响着我们的人生，也有很多可以引导我们完善人格、走向成功的路径方法。

　　但最简单、最有效的方法，我认为就是孝敬父母。

　　一个不能取悦父母的人，是很难让同事和客人高兴的。在我自己成为一名合格的匠人以及近四十年孜孜不倦培养学徒的过程中，这一点已经被无数次证明。

　　据说有这样一种人，他们在外面做很多善事，但在家里却是另一副面孔，而且对家人很苛刻。他们对家人没有爱的善行，只是形式主义。

　　当你遇到真正的成功者时，你会发现他们其实很擅长让父母高兴。

　　以下，就是在孝敬父母方面，我和弟子们切实感受到的收获和益处。

1

孝敬父母能让自己
变得谦虚

越是孝顺的人越谦虚。虚心之人，无论别人说什么，都能当作有益的教诲，坦然接受，所以总能获得很大的成长。

可以说，行孝者和不行孝者的根本区别就看其态度是谦虚还是傲慢。前者就像对待父母一样，对任何人都能心怀敬意。这是一种想要向父母、向任何人学习的探究心的表现，也是通过行孝道培养出来的谦虚。

所谓谦虚，就是无论别人说什么都能以坦诚的心态接受。

谦虚的人不会吝于付出努力，他们能体察客户满心期待家具完工的心情，所以一定竭尽全力，坚持完成最好的产品。

谦虚还能给人带来幸福。看着客户一脸喜悦，谦虚的人会想："我好幸运啊！既然如此，我应该更加努力！"他会不断这样自我要求，结果获得更大的成长。

而不行孝者则等同傲慢之人，从他们那里总是会听到同样的话，不是抱怨就是说教。因为他们自认很行，所以听不进别人的意见，也容易麻木、大意。犯的错误一多，成长就会停滞，结果他们被谦虚的人超越，并不断拉开差距而不自知，最终自己亲手断送良机。

当我说哪个徒弟太骄傲的时候，那也常是他没有好好行孝的证据。一旦他明白了行孝的重要性，改掉傲慢的毛病，技术就会突飞猛进。

人生成败某种意义上就取决于当事人谦虚的程度。

2

孝敬父母能让自己
懂得感恩

谦虚和感恩是一对孪生兄弟。人一旦变得谦虚，感恩之情自会油然而生，人品和技术也能达到新的高度。

感恩父母是感恩他们生养了自己，同时也感恩祖先代代传承了家族血脉。

学会谦虚就能明白，自己之所以有今天，除了父母之外，还得益于学校老师、公司领导、师兄弟以及周围的人的帮助。能想到这一层，人品和技术都会迅速提升。

愿意让父母开心的人，对人无好恶分别。在秋山木工严禁挑食行为，因为若容许挑食，学徒以后就要挑剔人了。对饮食、物品以及对人都要怀抱敬惜感恩之心。

在秋山木工，只要发现有谁不够谦虚或不懂得感恩，一定会当场立即指出，因为不当场说，就不能马上改正傲慢的心态。除我之外，工匠、师兄弟，还有同期同学，都会直接或者通过日志评论的方式，反复指正当事人的不良态度。

只有让对方频繁地意识到"自己可能是有点傲慢"，他才能越早变得谦虚。变得谦虚了，自然就懂得感恩。

要有勇气纠正伙伴的错误态度，其实多管闲事也是一个让自己成长的机会。如果不厌其烦地坚持下去，就能让被帮助者和自己一起成长。这样的机会有很多。

3

孝敬父母能让自己
更理解和关心他人

越是孝顺的人，越能关心他人，让他人高兴。不能让父母开心的人，很难让客户高兴。有过多次让身边的人开心的经验后，就能够真正地关心他人。交流的基础是"读懂对方的心"。经常思考怎样才能让父母高兴，就会培养出这种能力——读懂生长在不同环境中的人的内心。

为了让父母开心，就会经常忆念他们。如果连上厕所或沐浴时都在想父母的事，就不难明白到底怎么做才能让他们高兴。

比如，在一年一度的公司内部设计比赛中，为母亲做家具的时候，我会说："你们要在心里始终想着父母，睡了也好，醒着也好，甚至做梦都要想着他们！这样你们的脑海里就会浮现出一些画面。例如，这种情况下，妈妈该怎么用这个家具？诸如此类的联想将引导你们制作的手法，从而制作出真正合意且实用的家具。例如，这一面要削薄，那个抽屉最好再降低几厘米……"

仅仅忆念不够，还要深入思考。把这种思考转向他人，就是一种理解和关心。一个从不孝敬父母的人，即使突然想关心别人，也不会知道对方真正想要什么。所以，首先要养成为父母着想的习惯，这样就能扩大自己的"信息侦测"范围——这个人也许是这样想——进而明白关心他人的诀窍。

年轻、人生经验少，不能作为不懂得关心人的理由。只要有理解、体贴他人之心，孩子也能做得很好。没有什么比孝敬父母更适合培养理解与关爱之心了。

4

孝敬父母能让自己
更加专注和努力

父母不会轻易开心和被感动到，因此越是孝顺父母的人，越能集中精力，越能够付出更多的努力。而对待客人亦如是。

世上各种成功学理论都认为，提高专注力有助于成功。专注力是一种将意识集中的心理过程，只要获得了专注力，什么难题便都能迎刃而解。

听到"每天早上清洁十件家具"这类指示，人往往很难集中精力去做；但如果有人说"30分钟内清洁十件家具，方法自定"，我们就能专注去努力了，因为工作有迫切性，促使我们立刻边想办法边投入行动。

但即便如此，专注力的提升也很难，个中诀窍就在行孝上。

中国有句古话，"树欲静而风不止，子欲养而亲不待"。摒弃"下次""过几天"的拖延意识，日思夜想如何行孝，自然能提升专注力。如果能在父母身体尚好时真心尽孝，让他们开心，我们的工作和人生效率都会提高。行孝不能等，没时间让你拖拖拉拉、磨磨蹭蹭。

但是，父母不会随随便便就开心起来。我们要怀着高度的敬重，努力探索父母会对哪些事情产生反应，我们要试验各种方法、找对时机，做出最能让父母开心的事情，让他们为之惊喜。

秋山木工的徒弟每天都通过写报告，激发自己对父母

秋山木工学员古贺裕子（左四）的父母在秋山利辉（左一）的陪同下，
接受日比野大辅（右一）探访

的感激之心，每逢盂兰盆节和正月时，都为父母做一些唯独自己能做到的孝行。例如：在全国技能大赛上夺冠，让父母感到惊喜；磨炼技能，为父母的生活便利着想，做出全球限量、仅此一件的家具，当作礼物送给他们，让他们感动。

对于一流木匠来说，最能够使其成长的，便是这个试验阶段。越是琢磨使用者的实际需要，越会灵感迸发，踏踏实实地埋头苦干。

可以说，只要每天坚持不懈地努力，才能便会默默生根发芽。因为用心、用灵感、通过双手去创造，会诞生超乎人们想象的作品，仅仅如此就能让人们更加感动。

秋山木工在全国技能大赛上获奖者众多，也有这方面的原因。

5

孝敬父母能让自己
变得更有创造力

越是孝顺的人，创造力越强。对孝敬父母如果毫无想法，将难以持续。为了让父母惊喜，我们要提高觉察能力，这样自然就能涌现出许多让人感动的创意。

如果不能提供超出顾客想象的家具，那么作为工匠就是失败的。制作出想象中的产品，虽能让人佩服，但不会给人惊喜。如果有人说："不愧是秋山先生做的家具，和我想象的一模一样。"那么我就是完全失败。

要赢得胜利，最重要的是先摸透客人的喜好，再动手制作产品。在这方面，平时对父母的孝顺将发挥作用。

要探知父母对什么有反应，可用各种方法进行试验。在某个时间做父母最高兴的事，可以让他（她）惊喜，这种经验能促进一流家具工匠的成长。虽说技能需要每天训练，但超越想象的东西一定得通过手、心和大脑创造出来，也只有这样的东西才能深深打动人。

如果一开始不反复征询客户的需要，就不能制作出客户真正想要的东西。但是，倘若平时总在设计并做一些让父母意想不到的孝行，那么，到时与客户只需稍微闲聊几句，也能明白客户的生活情况及审美情趣。在脑中对照自己花在父母身上的心思，寻找一致之处，便能洞察客户心理。

就像柔道、网球运动一样，若能预测对方动作就很容易取得胜利。在制作家具上，若能熟练把握客户心理，那么每次都能得到"万万想不到会是这么漂亮的家具"这样的评价。

6

越是行孝道的人，
成长的空间越大

越是行孝道的人，潜力就越大。

越是行孝道的人，成长的空间就越宽广。

如果把逆境理解为祖先赐予我们的成长机遇，那么逆境就会转化为一种力量。

例如，生长在贫穷家庭本是一个机会，但有人却因此泄气地想："反正很穷，这辈子也没指望了。"其实人一旦被逼上绝境是会更加奋发努力的，如果告诉自己："好，我来弥补父母的遗憾"便会冲劲十足，毫不气馁。放弃就意味着投降，只不过是让自己暂时放松而已。

秋山木工的学徒们说，因同样的失败而挨骂多次，越是感到痛苦的时候，眼前越会浮现父母悲伤的表情，于是就在心里想："不能就此一蹶不振，要面对失败，明天开始再一次继续努力！"从而获得重新站起来的力量。只要这样活下去，事情就只会前进，运势也只会向上发展。

即使在神社里抽中一支"流年诸事不利"的下下签，我也会这样想："太好了！太好了！这样就可以更加努力了，列祖列宗请多保佑！"

据说厄运年多灾祸，但遇到这样的年份也不能为了避灾而待在家里一动不动，相反要更活跃。如果是在最好的人生阶段迎来了厄运年，那就不是厄运，而是接受任务，应该高兴才对。像这样全身心响应祖先的召唤，就会有好运。哪怕遭遇穷途末路的危机，也一定能找到突破口。

7

孝敬父母能让自己与家族亲戚相处更融洽

如果自己能在行孝上让兄弟姐妹以及家族亲戚敬佩叹服，那么大家自然会团结到你周围来。

既想让父母高兴，却又和兄弟姐妹吵架是不对的；也不能因为没有看见兄弟姐妹行孝，自己光在一旁说三道四。行孝能在兄弟姐妹中树立榜样，当家族出现问题时，你的话将最能服众，大家会照你说的办。

我上小学和中学时，手还算灵巧，但功课很差，直到中学二年级才学会用汉字拼写自己的姓名，五个兄弟姐妹都想不通我怎会笨成这样，但当他们看到我孝敬父母的行为之后，不但没轻视我，生活中反而非常尊重我的意见。现在兄弟姐妹遇到困难时，都会主动找我商量，我也把帮助他们当成自己的责任。

在全世界约78亿人口中，其中能称作兄弟姐妹的只有我们几个。当父母出现问题的时候，兄弟姐妹同心协力就能克服万难。没有兄弟姐妹的独生子女，则要成为朋友或同事的依靠，在朋友或同事遇到困难时，由于你主动伸出援手帮助渡过难关，这样大家就会与你团结在一起。

为了增强这种团结，首先需要一个带领大家孝敬父母的人。

8

孝敬父母能让自己广结善缘

孝顺的人自然能遇到好人。总是想着孝顺的人会积极上进，如此聚集到身边的也是积极上进的人，消极的人是不会来的。消极的人周围也都是消极的人。

用生病来比喻可能较容易理解。沮丧者总是和别人比较、嫉妒、自卑、压力沉重，像生活在阴暗的房间中，迟早会生病；相反，开朗活泼的人较不易得病，也就是说，自己生活的环境是自己创造的。

行孝的人待人必亲切、诚实且有礼貌、懂感恩，能够关心他人，习惯站在对方立场思考问题。这样的人置身光明的氛围中，必然受到周围人的欢迎。

秋山木工为了让徒弟在五年学徒期间集中精力学习，禁止谈恋爱，但在成为工匠之后，就会鼓励他们尽快交朋友，并告诫说："不受欢迎的人不能成为一流匠人。"

行孝的人必受正派人士欢迎。这些正派人士并不仅仅是恋爱对象，还包括那些有眼力或者慷慨大方的客户，他们会主动找上门来。那些企图诈骗或者自私小气的人则不会来，磁场不和。所以，行孝的人必会吸引优秀的人，会遇到良好的工作机会。

9

孝敬父母能让自己
的领导力提升

越是孝顺的人越适合担任领导。领导者需要巨大的能量，行孝可以让我们获得这种能量，拥有大量能够行孝和关爱别人的员工，公司的命运也会完全改变。

受到表扬而进步的人只占进步人数的1%，绝大部分人需要靠恰当的批评激励进步，但批评者需要比被批评者多出十倍的能量。批评，就是把自己的能量给别人，而增进能量的途径就是行孝。

有个学徒性格温和又有技能，但因无法指导师弟，所以总是与匠人名号无缘。他说"发脾气可能破坏人际关系，所以不轻易发火"，但有一次，一个师弟不小心弄伤了手指，此后，他才幡然醒悟，开始变得能够本着爱心严格指导师弟们了。在他的指导下，一个师弟参加了木工技能大赛，结果获得了第四名。

本着爱心的严厉指教，前提是有一种成人之美的强烈信念。育成人才是一件很快乐的事，如果不开心就不能胜任领导者。换句话说，就是必须"每日欢天喜地"。

公司有众多行孝的员工，会形成关爱他人的集体。一个公司里，能判断周围情况、洞察人心并采取适当行动的人多了，集体也必然会成长。越是孝敬父母的人，越不会逃避困难，他们会积极应对一切，发挥自己的创造力，从而让公司变得强大。

10

孝敬父母能从祖先那里获得力量

祖先那里有我们一生都用不尽的、超乎想象的伟大能量。当我们孝敬父母时，就能够连接到那股能量。

　　假如人生有一百年，如果我们以快于常规一倍的速度去学习和工作，就相当于获得了两百年的时间，这是对养育我们的祖先的报恩。上溯十代，大概有1024位祖先的遗传基因被我们继承了。也就是说，我们继承了1000多位祖先的品德。如果不了解这一点，那么千分之一的品德也无法彰显出来，岂不可惜？

　　"我拥有一生取之不尽、用之不竭的伟大才能，因此，理所当然，一切都能做到！"这种信心、豪情绝不是什么坏事，我把它当作一种推动力，以两倍的速度生活着。现在虽然年高七十好几了，但是我相信，从人生内涵来看，我已经一百五十多岁了。

　　把培养十个超越自己的一流匠人作为自己的天职。虽然已经有超越自己的匠人了，但我自己还想继续成长进步。

　　"一流的家具匠人"不允许失败，在100个客人中，即使有99人满意，如果还有一个不满意，作为匠人就是不合格的。就这样认真地为客人着想，还要不停地思考怎么才能做出让客人满意的家具。即使如此，有时仍感到成果不如预期，也有几乎想放弃的时候。但是，不知为何，似乎总有祖先在天之灵会适时伸出援手，默默地告诉我："就这样做吧！"这时再下功夫完成的家具，一定会让客人很高兴。

不过，只为了自己的成功而战斗的话，有时会怀疑"这样行吗"，也难免会失败泄气；不为私利私欲，而为别人拼命工作的时候，祖先的力量便会发挥作用，让面对危机时的自己强大起来。

第三章

行孝的一〇个方法

和家具制作一样，行孝的内容很重要，而执行方式漂亮也是很重要的。我常对学徒们说，"让人看出辛劳是很愚蠢的"。不管花费多少时间，想了多少办法，如果不能在最后以若无其事的态度向客户交付产品，作为工匠的深度就会被人看透。

　　孝敬父母也一样。

　　因为大多数情况是，父母比现今的我们更成功，所以简单花钱尽孝是不可能让父母感到高兴的。正因为如此，如果不认真思考并练习行孝的方法，就不能让他们惊喜。所以，"孝"重要的是，要"行"出来给父母看到。

　　以下是我通过在家教育孩子和在秋山木工培训研修生总结出来的具体行孝方法。即便无须完全照着下面的内容去做，但也至少希望孩子们可以了解自己三代以上的祖先。

1

熟记至少五代
祖先的名讳

生命一脉相承，绵延不绝。熟记祖先的名讳，以不忘自己生命的来处。我们每个人都有父亲和母亲，父亲和母亲又都有自己的父亲和母亲。往上五代累计就有62位祖先，再数下去，就数不清了。回溯最初的生命之源，是绵绵不绝的。

　　在这些不可数的祖先中，如果少了一个，就不会有我了。因此，作为和祖先一脉相承的自己，理应记住生命的来处。我总是将代表生命脉络的家谱随身携带，每日念诵父母和祖先的名讳。

　　据我所知，一些日本禅宗寺院的僧侣，每天清晨都要将从菩提达摩到曹溪惠能，再从本宗开山以来一直有序传承的几十代祖师名录念诵下来。就我个人而言，至少会调查一下，记住祖先的名字。这会给自己的生命带来不可思议的力量。

　　对于经历过战争动乱的家庭来说，家谱可能已经遗散，有条件的子女应趁长辈健在的时候重新整理和编修。

　　创办日本人间力大学校（与大学不同，指一般教育培训机构）的理事长天明茂先生是家谱分析专家，根据他的统计，绝大多数成功的经营者都是敬祖的。通过家谱分析，可以知道自己继承了祖先的哪些优点，同时了解祖先有哪些不足，为我们行孝找到方向。

2

使用书信与父母
保持沟通

书信沟通比使用短信和电话更能够与父母的心相连接。

为了让大家集中精力学习，在秋山木工，电话和电子邮件都是禁止的。与父母的通信手段，只有书信和素描簿。

在空白素描簿上，把自己当日工作、社长和师兄的作为、被责骂的事、课题、反省点、感动点等做报告总结，并交给师兄和匠人们进行评论。然后，写满的素描簿，每两周送请父母、兄弟姐妹、祖父母、恩师等过目，敬请他们给予评注，然后再送回秋山木工。五年的学徒研修时间结束时，每人将累积近百本素描簿。

这样的对话有利于亲子间的心灵沟通，大大加深了彼此的联系。

我让学徒把每天想向父母报告的事写下来，读了那个报告后，父母首先会大吃一惊。不少父母说："我们一直在一起生活，却不知道这孩子是这么想的！"也有很多父母是"第一次知道孩子的心情"。

他们最初是以新鲜的心情来阅读的，但接着看到，这一天好像被师兄骂得很消沉，这孩子没有被父母大声训斥过，还能做下去吗？"和同期生相比，我很在意自己工作进度慢……"虽然写的是积极的心情，但是字迹凌乱，真的还好吗？父母的心情也随着日记起起伏伏。

每当我翻阅页面，心情也是时喜时忧。最后，到了要写留言的时候，绞尽脑汁地思考：写什么才可以激励这孩子

一看到父母为自己打气的只言片语，未读就先哽咽，
瞬间感受到父母的爱与恩情

呢？要怎么说才能让他战胜困难呢？连握笔的手也不禁用力起来。

孩子读了父母的眉批留言，也总会吓一跳。离开父母之后，才知道父母是多么担心自己、想念自己。那是用电话和短信的寥寥几句无法传达的。

"没有人一开始就可以什么都做得到。总之每天的积累是很重要的。不要忘了笑容，加油吧！"

"着急地行动，只能是徒劳。心情好起来的时候，稍微停下来试着深呼吸。大家都在支持你哦！"

"因为你在秋山木工的努力，比上大学更美好的人生正等着你。加油！"

学徒们在全体人员面前，一边读父母给自己的留言，一边泪流不止。一整天里一再想起那句话，战胜严苛修行的决心更加坚定，无形中已获得成长。

方法

3

持续让父母感动

用只有自己才能做的事让父母感到吃惊，让他们高兴和感动，这才是孝敬父母。

想进入好大学、就职于好公司、希望继承家业……响应一般父母的期待，是让父母高兴的孝行之一，但在我看来，所谓的行孝还需要更多喜出望外的"惊喜"。

我对学徒们说："要不断让父母惊喜！"

例如，在自己生日时，寄感谢信给父母，他们一定会大吃一惊的。

回家过盂兰盆节的时候，进门就说："先去扫墓吧！"未曾帮忙做家务的孩子，好久没回来了，只把行李放在玄关，就提议去扫墓，肯定让父母大大震惊。这种出乎意料的欣慰，会产生无法言喻的喜悦。这更是孝敬父母。

每次学徒回老家前，我要他们把回到老家打算如何孝敬父母写在纸上，再逐一检查。如果有研修生写的是"给父母带礼物"，我会说："笨！如果只能想出这样的孝行的话，不如不回去好了！"我会让他多次重写，直到我觉得OK才能回家。

重要的是，不能只花钱买成品孝敬父母。

为庆祝父母的生日，带着他们去美食餐厅，或者在母亲节、父亲节送花给他们，这种事情谁都能想到。不要做这么普通的事情，用只有自己才能做的事让他们吃惊，让他们高兴，这才称得上行孝。

学徒们平常仔细对待刀具，因此仅仅只是回家为母亲将厨房的菜刀磨到锋利，都会让父母惊喜不已。在父母面前为他们削木头做筷子，这样的一副筷子会让他们感动至深。切莫以为花钱买的成品才是有价值的礼物，那反而是最"便宜"的。

让父母吃惊，还有一条"秘密战略"，那就是先故意让他们小担心一下。

以职业棒球比赛来举例比较容易理解，九局下二出局，逆转全垒打的选手才是真正的超级明星。超级明星到第七局左右都没认真打，而在绝佳的时机故意挥空三次，让对方投手疏忽大意。看到这样的情景，粉丝会说："今天身体不舒服吗？""这样下去可能就输了？"十分担心，心跳加速。但实际上一边挥空一边认真地看球的走向，慢慢地配合着时机，然后在关键的一刻，重重地漂亮一击，如此更会让粉丝感动。比起原本就遥遥领先的比赛胜利，赢得赢不了的比赛，其欢喜必然是倍增的。

秋山木工里有些年轻人中途从明星大学辍学，因为"想成为家具匠人"而来到这里。他们的父母最初很错愕也很失望，更担心他们学习了五年后却一事无成。然而，在庆祝毕业仪式上，这类父母看到孩子被公开认可为匠人，都会激动地说："真没想到能看到这么努力成长的孩子！"他们反而更加感动，泪流不已。

看到父母感动的眼泪，更给了自己动力，一定要成为一流的匠人，让父母高兴，也让客户高兴。

行孝有时就像参加一场为父母寻找感动的游戏，找到了，自己也会开心，并进一步设想下次要怎样让他们更高兴。

年少时，我也经常让父母担心。每当更换工作，父母总是不安，但我就是想去一个更能磨炼本领的地方，即使一开始工资减少了，来日报酬也会好转，并获得比以前更高的职位，那时父母会很吃惊。起初让他们有点担心，不久情势逆转，又让他们惊喜连连。所以我说，让父母感动也需要"策略"。

永远品行端正，一次也不让父母担心，是孝顺吗？其实不然。而认为自己大学顺利毕业，就算尽了一点孝道，也是没有意义的。

顺便说一下，秋山木工的学徒们往往只是说"想让父母开心"，什么都还没做，父母就高兴起来了。因为孩子们总在客人面前说"为了让父母开心，要努力工作"，结果大受赞扬，家长们听说了自然高兴得不得了。

学徒们看到父母开心的样子，自己也会开心，这无形中丰富了个人的精神世界。即便刚开始只是吹牛，如能把"想让父母开心"说上一万遍，吹牛也终将成真。

4

继承父母德行的优点、弥补缺点

父母好的基因自己身上也有，要发扬光大；不好的地方就不去模仿，而是要尽力避免，最好能做到补足。

前面提到，通过家谱分析，可以了解到父母和祖先的优点和缺点。即使是自己的父母，也不是所有地方都值得尊敬，总有一些让人无法接受的地方。例如，如果觉得父母的用餐礼仪不佳，不妨反其道而行之。因为从小看父母用餐，很可能认为那些做法是理所当然的，从而让自己不知不觉也没掌握正确的用餐礼仪，但只要意识到不好，并即刻开始改变，还是有救的。努力让自己成为一个讲究用餐礼仪的人，这就是一种行孝。

不好的事情，任谁来做也终归是不好，所以我们要感谢那些作为反面教材、展示缺陷的人和事，努力磨炼自己，给父母一个惊喜。

另外，父母的言行值得尊敬的部分要坚持模仿学习。因为自己身上也有相同的基因，只要不忘感恩，就很容易达到和父母相同的水平。

有一次在京都，我和梁正中先生探讨孝道时，他给我讲过虞舜行孝的故事。舜的生母很贤德，很早就离世，父亲瞽叟和继母、异母弟弟多次想害他，舜反而没有记恨，常自我反省，且仍恭顺对待父亲和继母，也对弟弟慈爱。他的孝行感动了尧，最终尧把帝位禅让给他。这个故事更让我明白了不仅要继承父母的优点，对于父母德行不够圆满的地方（中文叫"有漏"），自己要尽力去弥补。

5

超越父母

更厉害的行孝，是要超越父母。

超越父母，就是战胜父母。

因为遗传基因相连，对于父母的优点，只要全部模仿下来，就能与父母并驾齐驱。只要认真模仿优点，不学习缺点，自然就胜利了。

放到匠人的世界来说，就是赢了师父，比师父还厉害。我有四位师父。现在，秋山木工不仅在日本，在全世界也广受关注。就这一点而言，我胜过了师父。那是因为我全面吸收师父技术层面的优点，而不模仿师父的缺点，比如，贪婪、不重视匠人、为了赚钱不断使唤徒弟……我与那些行为分道扬镳，秋山木工因而能进一步向世界拓展。

然而，超越父母是一件非常困难的事。我至今仍无法超越我九十三岁的母亲。

老人家虽不识字，但她支持着一身债务的丈夫，养育六个孩子，而且一直满怀笑容地为了养家辛勤地从事小买卖。每天早上，电车还没运行时，她就沿轨道从奈良赶到大阪采购物资，回来后卖给村人。村里认识母亲的人，因从没见过母亲走路来回，所以总开玩笑说她是用"飞"的。

作为孩子的我，也从没见过母亲睡觉的样子。她没去学校参加过家长日，也从没开口要我们好好读书，只是拼命地守护着六个孩子。在我还很小的时候，就十分理解母亲的努力与慈爱。

定期举办报告朗读会。学员们围坐一圈，分享父母、家人写给自己的激励话语

我想，没见过拼命的身姿的人，不知何为拼命。因为母亲拼命认真地生活，所以我在学徒时代才能拼命认真地学习。我想我终其一生也不能超越母亲这个了不起的人！

　　不仅仅是父母，有一个想要超越却超越不了的人，对于磨炼自我也非常重要。对于我来说，京瓷的创始人稻盛和夫先生、被称为"扫除道之神父"的黄帽企业创办人键山秀三郎先生，以及已故的人生之师、我心仰慕的系川英夫博士等，都是我难以轻松超越的人物，但因为有他们在我心中，更使我不断奋起。

　　想知道模仿什么好、想知道更多，就要读书、听故事，坚持实践。只要活着，就要尽力去做力所能及的事。我想，这样做，人一定会成长。

6

继承父母祖先未竟的心愿和事业

如果认为父母做不到，自己也做不到，那就是粗暴对待养育自己的人。要感谢先人给自己一个挑战困难的机会并努力去做，这非常重要。继承父母祖先未竟的心愿和事业，是为大孝。

父母可能有诸如"因为家庭因素放弃了上大学""虽然梦想创业却做了一辈子上班族"等遗憾，做子女的可以代替他们去实现梦想，不要认为"父母当年成绩差，自己现在也不行"。

我曾说过："要替父母实现他们的愿望。"下定决心后，无论多么困难都会努力克服。结果后来我发现，多亏了父亲，我才会如此拼命学习，真感谢父亲！

超越父母的力量，有时是由自卑感激发出来的。多亏父亲的贫穷，我才能够如此认真努力，直到现在我也很感谢他。实际上，父母也可能觉得"我家的孩子不可能做到"，但当我们让自己发光发热，拿出远超出他们期待的成果时，就可以让他们大吃一惊。所谓孝敬父母可以说就是代替父母完成他们没能做成的事。

来秋山木工学习的年轻人，有很多是家族企业的下一代，为了能够成为合格的继承者而来到这里接受锻炼。在日本，传承了上百年的企业有两万多家，这些企业大多是家族企业。在日本人的传统观念中，家业是神佛所授予的事业，将经由父母祖先延续、传承下去，并且发扬光大，这是很伟大的孝行。

7

养育有爱心
敬意的子女

认真将子女培养成为一个拥有爱心和敬意的人，也是行孝的重要方法。

据我所知，中国老人特别疼爱孙子辈，很重视他们的成长，上年纪后大部分时间都会花在自己的孙子辈身上。能够带领配偶一起行孝，共同养育有爱心敬意和孝顺之心的子女，才会让父母晚年真的安心喜悦。如何才能养育出这样的子女呢？

以我的人生经验来看，孝顺的人，他的孩子往往也孝顺。如果想培养聪明且品行又好的孩子，首先自己要孝敬父母，如果自己不孝顺，孩子也不会孝敬你。

秋山家是当今日本少有的大家庭。我、我的妻子、两个小儿子，还有我与前妻（病亡）生的两个女儿，以及两个女婿和四个孙子，总共十二人一起生活在同一屋檐下。大女儿每天早上三点起床，为学徒们准备好工作间隙时吃的点心，然后才去公司上班。

看着我的妻子从早开始忙碌，孙子就替她洗好、晾好全家人的衣服，再淘洗完米，然后才去上学。其他孙儿可能知道他们的爷爷我从小为贴补家用去送报纸的故事，所以一到周日，都来找我要活干。两个儿子虽然都还小，但也是一放学先回家然后就到公司，给来参观的客人领路介绍、倒茶送水，或者帮忙把鞋子摆整齐，每个人都在努力做他们力所能及的事。

那些哀叹孩子不孝顺的父母，应先让自己的父母和配偶的父母开心起来，孩子看着你们的所作所为，就知道该做什么了。

8

—

正向影响父母的人生

孩子若能影响父母的人生，这是非常了不起的孝行。

我曾以为凭一己之力就能将一个学徒培养成合格的匠人，后来经过数年的工作实践，才发现高估了自己，一个人是不可能培养出一流的匠人的。

除了学徒个人的努力、公司的真诚帮助、老师的严格教导之外，还必须有来自其父母的支持。因此，秋山木工招收弟子，不仅要面试申请者本人，还要去他家里面试他们的父母。父母必须与学校密切配合，共同培养匠人。

学徒们在学习期间集体住宿，不允许使用手机等电子产品，每天学习、生活的状态和心情只能通过书信或工作报告与父母沟通。守护孩子成长的父母，看到自己的孩子在秋山木工的成长和变化，也会跟着成长。其中，还有人不想输给正在努力的孩子，辞去教师的工作，再去上大学呢！

如果父母把自己的梦想强加给孩子，强迫孩子"要成为那样的人"，亲子关系会很紧张；相反，如果父母为了实现孩子的梦想认真努力地生活，孩子也可以从中获得克服困难的力量。对父母来说，没有比这更幸福的了。不管拥有多高的地位和名誉，很难获得这种幸福，将这份幸福送给父母，也是一种孝顺。

9

即使父母去世仍时时
不忘天上祖先的看顾

即使父母不在了，也不要给虽看不见但一直在我们身边的父母丢脸。行动改变了，结果也会改变。父母的灵魂与我们同在。

想偷懒时、想隐瞒过错时、想推托赖账时……一想到"父母在看顾着"，就能够打起精神、坚定一点。虽然某些时候能瞒骗得了生活中的人，但在天上的祖先连你的内心都能看透，是骗不了的。

有些人为父母在世的时候没好好孝顺而懊悔，其实无须懊悔，时时忆念父母的好，发现父母的好处和优点，试着仿效他们，也是一种幸福。

当碰壁、懊恼、迷茫时，看看父母的照片，去他们的坟前说说话，不可思议的是，你可能会突然得到答案和灵感。

一个人认真工作的话，会得到天上的父母和其他祖先的保佑。

10

自我觉醒、立身行道

那些能够立身行道、活在天命中的人，其作为就是莫大的孝行。

我们的世界正处于一个非常时期，物质财富的极大满足并没让人们的身体、精神和心灵更丰富，反而变得空虚贫瘠；地球生态也日益恶化，危机重重。现在，为了顺应这样的挑战，全世界有识之士都在积极奔走。我作为一名匠人，立志要为21世纪的日本和全世界培养出至少十位在心性和技术上都超越自己的一流工匠人才，为人类的未来贡献力量。

我今年七十多岁，承蒙老天爷和祖先的眷顾，虽然几次与死神擦肩而过，但最终恢复了健康。因此，我每天都活在这样的天命之中，不敢有丝毫懈怠。

在秋山木工，通过八年时间的精心培养，学徒在成为能够独当一面的一流匠人后，全将被解雇。人在同一个地方待上九年，就不再有紧张感，会像失去弹力的橡皮筋，无法大显身手了。在人的紧张感还没完全消失的关键时刻，赶他们出去，可以为社会做出更大的贡献。我就是想培养能对社会有所贡献的人。

一说是来自秋山木工的工匠，其他单位多争相引进。弟子们凭借良好品德和傲人技艺活跃在国内外木工舞台上，成绩斐然，但无论多忙，我一有事情发生，他们都会立刻打点行装，回到我身边。这就是我作为培养他们的老师感到无比欣慰之处。

第四章

秋山弟子不可思议的例证

对每一个弟子来说，在秋山木工修学的过程就是知恩、感恩和报恩的行孝过程。

　　在秋山木工的育人方法中，父母、学徒和师父是一体的，三方同频共振，才能激发出弟子们的潜力，也才能帮助父母、师长不断长进。

为了更加透彻地总结秋山木工的育人方法，我邀请了梁正中先生（匠人精神"孝道"传习中心发起人）对几个近年修完八年学业的弟子以及他们的父母，一一进行深入专访。

　　在和弟子的父母交流的过程中，我这个做师父的，更加看清了现今日本和华人社会普遍存在的家庭和学校教育问题。

　　我相信，秋山木工式的育人方式，无疑能为解决这些问题提供一个有效的方法。之所以这样说，是基于自己作为一名家具职人的经历，以及几十年带领弟子学习的体会。

　　能够成为秋山木工学徒的，并不都是天赋异禀的人，相反地，那些年轻人往往带有很多不好的习性。但是，在我严厉苛责的教育之下，他们当中绝大多数人都懂得了感谢与报恩，通过加深行孝或重新建立与父母祖先的连接，从而走上了成为优秀职人的道路。

　　接下来，和大家分享梁先生与三位弟子以及他们父母的访谈记录，希望对大家有所启示。

立志培养
超越自己的弟子

清水欢太／二十六岁

高中毕业之后，我按照父亲的建议来到秋山木工学习。

我家里有五口人。父亲、母亲，两个哥哥和我。

在进入秋山木工之前，我们一家人就住在六张榻榻米大小、隔了两间的房子里。父母从小就帮我养成了独立生活的好习惯，他们从来没有无故给过我零钱，只有在我打扫住宅区公共楼梯或者为别人做事情的时候，才会给零钱作为奖励。高中时，我曾经每天深夜两点就起床去兼职送报。暑假期间，我还得为家人做晚饭，所以，对于做饭我是蛮有自信的。而且，那时我已通过专业木工（初段资格）资格考试，具备了所需的算盘能力，我想，适应秋山木工的生活对我来说应该很容易。

第一年实行严格的教育方式，生活也极其紧张，但是因为之前的生活经历，我并没感到太辛苦。当然，我也有因睡眠不足困到不行的时候，稍有空闲就睡在木屑堆里，设定一分钟的闹钟，甚至偶尔也在厕所小睡一下。

同期进公司的其他学徒大都是带着强烈的热情和动力来到的，而且多是职校工业科出身，对于各种类型的木材和设备能很快理解，比我熟悉许多。我这个高中毕业生则对这些内容理解起来颇有难度，为此不得不额外下一番功夫。

在秋山木工，撰写工作日志是每天的必修课。日志每个月会寄给父母过目，父母阅读后，要写下评语再寄回给我们。每次大家轮流朗读来自父母的回复时，很多学徒都在哭；但是，我没有特别感动，也没有哭，并且觉得同学的哭泣有点莫名其妙。这或许是因为，那时的我还没意识到其背后的意义吧。所以，当其他的学徒在报告页上写得密密麻麻时，我只有寥寥数行，给父母的留言也只有两三行字。最初几年间都一直如此。然而，一直以来，父母的回复却总是写满页。父亲说，他担心我这样会被退学，母亲虽然不擅长写东西，但也坚持写了好几年。

从第三年开始，工坊生活变得更加辛苦，我对日复一日的劳作开始生出怀疑。

我想，一直做这些，真的好吗？其他学徒都以夺取全国技能大赛奖牌为目标而努力不懈，但我进入秋山木工不久就拿过银牌，此后，就没特别想继续参加全国技能大赛，这样一来，干劲儿也随之下降了。

第四年过新年时，父亲说希望我能拿到金牌。当时的我，正处于焦躁和迷茫期，便意气用事地说："我不想参加那种比赛，也不想要什么奖牌了！"

那一年，也就是我没参加全国技能大赛的那一年，奶奶去世了。我是奶奶养大的孩子，小时候经常住在奶奶家。奶奶每年都来看我们的比赛，每次都会用自己的养老金买我的作品。据说她把那些作品放在家里，向所有人夸耀我的成就。当我获得银牌的时候，父母和奶奶都为我高兴不已，奶奶曾说看我穿上匠人的法被（工匠、技师所穿的外套式传统和服短上衣，领口或后背印有名号）就是她的梦想。

没让奶奶看我勇夺金牌的遗憾，提醒我应该更加精进努力；同时我也逐渐感受到父母对我的珍重和期许。虽然每次工作日志，我只写几行，但父母的评语都写得满满的。盂兰盆节和新年回老家，父母格外高兴。我想，如果能拿到金牌的话，他们应该会更高兴！为了感谢父母、让他们高兴，也为了告慰奶奶在天之灵，第五年，我再度参加全国技能大赛，并且第一次获得了金牌。

看到父母非常开心，我内心那种喜悦是无法言表的。

现在，"想孝敬父母、让父母高兴"的想法，占据了我心中的重要位置。在秋山木工研修八年，虽然没做什么特别的好事，但感受到自己时时被珍视。与此同时，我切身感受到应该去做让别人开心的事，尤其是让自己的父母开心。

銀 清水歓太

现在，我才真正懂得了对父母和周围支持自己的人要心怀感谢。这是我在秋山木工的八年时间里最大的收获。而我能有这样的改变，也是被秋山师父唤醒的。

从前我是一个喜欢独来独往的人，也没有什么感恩之心。秋山师父曾严厉批评我，他说一个人不可能独立活在这个世界上。当初被叱呵时，我没真正理解，仍有些叛逆反抗，现在我完全懂了。

以前我对新进后辈不感兴趣，只是依照惯例转述前辈教我的东西，从未想过跟他们分享自己的心得；但现在我开始思考，如何告知他们我个人的经验与体会，如何因人而异地好好引导他们成长。

2019年4月，我从秋山木工毕业了，本来打算离开这里，和秋山木工的关系就此中止，但想到秋山师父教会自己成为一名匠人，而自己并没有带出什么弟子来，所以我选择继续留下来。为了表达我的感恩之情，也为了让父母和秋山师父高兴，我也要像秋山师父那样，培养出能够超越自己的十个弟子。

目前还没想要待多久，只是一心想要继续不断精进。

孩子从小就喜欢做东西，小时候经常和在工匠家庭长大的奶奶一起做手工。小学一年级的时候就已经会用锯子帮奶奶切割鱼糕板、钉钉子。由于观察到这些情况，他高中毕业的时候，我们就鼓励他去秋山木工试一试。

最初，孩子写的报告总是只有几行，我（父亲）担心这样他会被退学，所以每次都会写满一页的留言；很不擅长书写的妈妈，也十分认真地回复。

这孩子进入秋山木工后，他和我们做父母的都接受了很好的训练。如今他成为日常生活中能自然而然地表达关心和温暖的孩子，这让我们喜出望外，感觉他越来越关心我们，也很珍惜我们。八年下来，他的木工技术大有长进，而且他还善于指导后辈，关心他人。

现在日本的教育中，孩子与父母的交流太少了。每个孩子都有自己的房间，每天相处的时间非常少。大家生活富裕了之后，都会有些溺爱孩子，在我们那个年代，犯错了被老师打一巴掌很正常，现在不行了。学校老师不敢严厉地责备学生，这也是很大的问题。

不愿再看到
父母失望的样子

古贺裕子／三十岁

古贺裕子说

　　我从东京理科大学休学，立志做一名木匠，于是决定到秋山木工接受训练。

　　我家有六口人，父母之外，还有三个姐姐。我是在父母和姐姐们的爱护下长大的。这或许让我养成了只考虑自己的好恶得失，而不大在乎别人的不良习性。

　　我攻读的是建筑专业，在大学三年级的时候，渐渐地感受到自己在这方面才能不足。即便继续学习下去，将来当了总承包人或者在建筑单位上班，也会怀疑自己能不能做好这份工作，似乎看不到希望。所以，我决定休学，加入秋山木工。

　　但是，我很清楚，休学会让父母亲相当失望。特别是父亲，他强烈反对，一个月不跟我说话。而且，他看我无所事事的样子，喃喃自语道："明明是个女孩子家，怎么……"那让我大受打击，情绪复杂，反而心生离家出走不再回来的想法。

当然，父亲最后还是妥协了，他说既然是自己的决定，就去吧！

刚入社的时候，我的自尊心很强，常常是秋山师父让我往右，我就偏偏要往左。我自觉是同期生中最乖僻的一个。在看了当时的录像后，发现那时候的表情和言行，可真是负面阴暗。

由于老是被骂，所以我经常抱怨。从入职以后，几乎每天都浮现辞职的念头。但其实我从没递过辞呈，也从没真的想要放弃。

最后成为我最大动力的，是秋山师父的一句话："如果从秋山木工辞职的话，会让父母更失望。"

为了能够让父母另眼相看，我只能在这里奋勇拼搏。因为我不想再让父母失望了。我忘不了从东京理科大学退学时，父亲失望的样子。

几年间坚持写日志，从不放弃。当时妈妈写在报告里的话，也是历历在目。我在日志本上写过，决定入社后，大家都必须剃光头，女孩子也不例外。妈妈在回信中写道："虽然已经做了心理准备，但看到（作为女生的）裕子成了光头，这……"我感觉得到，当母亲写下找不到文字可以表达的"……"时，内心该有多么震惊。

在日志中，被师父骂的样子、丢脸的时刻也全都被父母看到，并且还受到父母"这样下去是不行的"之类的严厉批评。当然，或许是担心我受不了如此沉重的打击，父母在回信中也会写"虽然让公司和大家感到负担，但是稍稍犯一些错误是好事。只要不被退学就可以了"这样的安慰鼓励。

奶奶也一直守护和支持我。初次展览会时，奶奶来了。她说看到已经成为匠人的各位师兄弟披着法被的样子，更期待我能早早加入他们的行列。

想到这些，我再也不能让支持我的人失望了，那份想要回报他们的期待的心情越来越强烈。正因此，我才坚持了八年，没有半途而废。

前些时候，就在我即将毕业的前夕，一直期盼着我成长的奶奶去世了。这让我感觉，从进入秋山木工到顺利毕业，似乎她一直都在守护我。她或许觉得已经可以放心了，便驾鹤西去。

在秋山木工八年，我看到了秋山师父和家人的相处之道，他在家庭中树立的榜样让我非常佩服。

每次和秋山师父讨论事情的时候，他总是先将我们自私的想法排除掉，再通过自己的亲身实践，告诉我们一些道理。他从来不称赞我们，教导极其严格，那些都是需要体力和精力的，但是秋山师父自始至终一直坚持这样教导我们。

秋山师父曾经说："去洗手间的时候也好，洗澡的时候也好，要不间断地想到父母。"在第四年毕业、第五年成为职人之前，我做了一个佛龛作为毕业作品，因为我时时刻刻想着家人，所以佛龛做得非常顺利。

当我把佛龛当作礼物送给父母的时候，他们当时惊喜的表情，让我后来连做梦都再次见到。父亲看着我的作品，说了一句："真厉害啊！"而母亲默默无语，只是热泪潸潸。

而后，我能做出让客户感动的家具，主要力量就是源于那一刻的感受。由此，也让我明白了"设身处地为他人考虑"这件事。

现在，也许是看到了自己的变化，以及自己已经能够为家人、为身边的人考虑，父亲对我说，这八年真是值得，当初休学看来还不错嘛！

两年前，二姐怀了孩子，这是父母的第一个外孙，所以满怀期待。看到那时父母脸上洋溢的笑容，我呆住了。我从未见过他们如此高兴。现在，我从秋山木工毕业了，我会和同门师兄结婚，婚后我也想给他们生个外孙。

进入秋山木工前，我只考虑自己，坚决从学校休学，进入秋山木工，辜负了父母的期望，但一直以来，包括我的父母，他们仍然爱护我、支持我，这一次应该换我来回报他们了。

并不是说我要为生小孩放弃做家具、成为匠人。和姐姐、父母、家人一起做木工一直是我的梦想，希望十年内可以梦想成真。

在报告里看到裕子多次因为同样的事情被社长和师兄弟责骂，那不听话的样子，真让我们感到无地自容。

这孩子固执得很，从来不会聆听别人的话，所以挨了很多骂。

裕子是家里最小的孩子，是我们捧在手心里长大的，所以她缺乏感知周围的能力，这是我们做父母的没尽到责任。如果裕子无法忍受，又从秋山木工退学的话，那么我们担心这孩子一生都将过着逃避辛苦的生活。所以我们不断鼓励她，劝她在写报告或写信的时候多下些功夫，平日多记笔记之类的，尽量给她一些建议，也尽量正面思考，稍稍犯些错误，累积些经验也算是好事，总之，只要不被退学就可以了。

这个以前什么都不会做的孩子，在过盂兰盆节和新年的时候，开始主动下厨帮忙；每次回家也会磨磨菜刀，让妈妈的日常工具变得更好用。

回想裕子最初做的柜子，抽屉是打不开的，而后年年技艺增进；而且，她渐渐地能够感受到父母和姐姐们的心情，对我们俩以及祖先的感恩之情也日益明显，看到她的成长，我们都很欣慰。前几天，我们一家人去旅行，裕子察觉到我们和姐姐们的情绪，主动做了许多事。裕子真的变得越来越有人情味了。

　　看到孩子努力地工作，不禁想，我们自己也要为社会和世界做些贡献。

　　我们的家庭教育没能做到的事情，多亏了秋山社长和秋山木工，代替我们做到了。秋山先生对待弟子，是从不称赞的，但很严格的爱就在其中。现在大家不知不觉都对孩子太溺爱了。我们非常感谢秋山先生对孩子的教导。

从只会逃避到
懂得坚守的合格匠人

山口友义／二十六岁

山口友义说

来到秋山木工之前，我在鹿儿岛一所工业高中就读。

高中一年级的时候，母亲因交通事故去世了。当时我入选足球队，每天拼命练习，回到家时大都要到晚上11点左右。中午的便当自理，父亲会为我做早餐和晚餐。后来退出足球队之后，仍经常很晚回家，还被学校点名特别辅导，给父亲添了很多麻烦。

父亲在一本杂志上看到秋山木工招收学徒的讯息，便要我来试试。我早听说这里超级严格，所以一开始十分担心。

投送简历之后，我得到了赴秋山木工参访见学的机会。而后秋山师父提出想去我家看看，那让我非常惊讶。秋山木工在横滨，而我家在九州岛的鹿儿岛，两地相隔极远，但秋山师父坚持前往。

那天秋山师父在我家待了五六个小时。因为是中午时间，就在家里吃了便饭。秋山师父问了很多关于家里的事情，最后和我父亲再三确认，是否真的要把我送去秋山木工学习。

就这样，我一毕业就过来了。那年，我十八岁。

刚开始，我心里一直不安，每天都想要退学，还曾私自跑出去两次。

第一次我偷偷买了机票回家。然而，秋山师父已经觉察到，所以在我到家之前，就已经给父亲打过电话。我一回到家，就看到父亲双手叉腰、堵在门口，大声责骂道："这里没有你回来的地方！"

父亲的责骂给了我强烈的震撼。虽然那之后困苦的事情仍源源不绝，但想到离开秋山木工也没其他地方可去，于是只好硬着头皮继续忍耐坚持下去。如果没有这件事情，我想我一定不可能完成在秋山木工的修行。

那次我在家住了两天，一边哭一边和父亲沟通，秋山木工的学长前辈们也不断打电话来关心，最后我决定再回工坊。

第二次从秋山木工逃跑是因为受到前辈的斥责，一时情绪激动，转身就走人了，但毕竟无处可去，过了一会儿便又折回工坊。

那时，忽然回忆起已过世的母亲曾训诫我不可"一遇到讨厌的事，立刻就逃避"。然而，经过这些年的学习，现在遇到讨厌的事情，我已经不再逃避了。

来到这里三年后，我才真正安下心来。在这个过程中，日志本成了我的精神食粮和动力来源。收到父亲第一次回寄的日志本时，我回想起自己给父亲添了很多麻烦，以至于轮到我时，哽咽到无法好好朗读出来。既有痛苦，也有感谢，很多情感一时泉涌。我想如果没有集体合宿和每日严格修炼的生活体验，这些情感也不会被激发出来。

在日志本里，我经常被父亲责备。看到日志本里我写的经常迟到等跟不上团体节奏进度的事情，父亲相当担忧。后来每个月我都很期待父亲寄回的日志本，通过日志本，可以对一天进行盘整总结，逐渐增长了日新月异的思考能力，获得了自身的成长。我确实从日志本获得了活力。

除了责备之外，其实父亲始终也在鼓励着我，让我继续坚持下去。他说，只要坚持下去，就能成为真正的匠人了。我能走到今天，真的要感谢父亲的支持。

在毕业典礼上，我想一定要让父亲欢喜，就特意制作了一个小酒柜送给他，我知道他喜欢喝酒，我用这种方式表达对他的感恩之情。同时，我也想让父亲看到，我可以做出这样卓越的家具。

父亲收到酒柜时说："好厉害啊！"不过我觉得父亲可以更开心一点，看来我还需要继续精进。我一定要努力让父亲更吃惊、欢喜。父亲以前也曾为他的父亲，也就是我的爷爷做过鞋柜，这也是一种传承吧！

八年的学徒生活，真正让我懂得了坚持的重要。同级生中，自己是最差的学徒，但即便是这样的自己，在坚持的力量下也能有变化和长进。

而最让我感动的，就是从秋山师父那里学到了为他人着想、让他人感动的精神。正常来说，我应是已被退学很多次的人了，但师父对我依然不离不弃。同时，我也从秋山师父身上看到了"就算失败也不放弃"的精神。失败中也可以学习到很多东西，不能因为一次失败就轻易放弃。今天我能成为一名匠人，多亏了秋山师父的教导。

这些事情都是我亲身经历之后所感受到的，对我影响很大，可以说是八年间最大的收获。

另外，我是一个很怕生、非常容易紧张的人，不擅长和人沟通与交流。今年春天学徒生涯结束后，我开始了一个人的生活。这里离家乡很远，在不熟悉的土地上，我结识了新的朋友，积累了各种经验，遇到困难的时候，也获得了很多人的帮助，感受到了来自他人的温暖。虽然偶尔会发生争吵，但我也会从中汲取教训，获得成长。

在此过程中，我发现心地善良的人很多，由衷生起感谢之情。能这样想，真的是托了在秋山木工修行的福，是秋山木工教我认识心性的重要。经过八年时间，现在与外面的人接触时，我已经能理解当时所不明白的重要道理了。

最近我要结婚了，计划明年举行婚礼。目前我在秋山木工的事务所从事销售和制作管理的工作。在办公室里，我从同事的身上学习到了很多。

未来我打算回父亲的公司，继承父亲的事业。虽然父亲是做室内装潢的，但我今后想在公司里创建一个家具制作部门。为了成为称职的经营者，我拜托秋山社长让我继续在这里学习，并精进技术。

父亲的工厂越做越大，希望父亲也持续不断地精进，成为我无法逾越的目标，我愿跟随父亲的脚步不断前进。

山口友义的父亲说

当初我曾打电话联系秋山先生，后来他又亲自打电话，说要来家里拜访。在沟通与交流中，我感受到秋山先生严厉的背后，有善良的一面，从中我也感受到了他特别的能量。我相信没有比在秋山木工更好的学习环境了，所以就下决心让儿子前往学艺。

最初几年，儿子每天都想退学。我经常劝慰他，告诉他坚持才能成为真正的匠人。在他学习一年多的时候，自己偷偷跑回来一次。那天秋山先生打电话过来，告诉我说儿子可能回家了。就在那一瞬间，我发现他真的回来了。秋山先生没多说什么，只是要我慢慢和儿子沟通，但我还是气得严厉地告诉孩子，家里已经没有他生活的地方了，所以，他又回到了秋山木工。

现在孩子能够成为独当一面的匠人，变化真的很大。我对此非常放心，他最近要结婚了，让我感到很开心。

在秋山木工八年的学习，教会了孩子很多道理，例如，不只是关注自己，也要关注周边的人，自己的前辈、后辈、工厂工作的匠人，大家一起起床、做饭、生活，为了同一个目标而奋斗。这可能才是孩子最大的成就吧？

现在日本的教育有很多问题，难以因材施教，也不严格。虽然每个人的价值观不一样，但如果能在严格的环境下学习，这样是有益成长的。

看到孩子每天这样努力，对自己来说也是一种激励。因为我也是做木工的，也想着一定要把本职工作做得更好，希望孩子未来与我的公司共同成长。

真的要谢谢秋山先生。

上面三位弟子修学的历程，可以说是学徒们的代表。

现在的日本社会，家庭教育的方式出现了很大问题。虽然父母都很善良，都对孩子们有很多关爱和期待，但是并不能为他们提供一个同时具备"爱"与"严格"的环境。

如果爱没带着觉察，往往会让孩子们变得自私自利，只考虑自己，不考虑别人。这样的人缺乏对周围的人和事物的感知能力，更不会懂得感谢和回报父母。

这样的话，他们怎么能成为优秀的匠人、创造出令人感动的作品呢？如果孩子们都不懂得感恩和报恩，我们的社会还有未来吗？

我从来不会称赞他们，之所以如此严格，就是因为，只有严格的爱才能够最快地除掉他们以自我为中心的自私、傲慢和惰性。

同时，我坚持要求学徒们每周在日志本中向父母汇报修学情况，真诚地与父母沟通，也积极接受父母的回馈。

现在，学徒们还增加撰写"知恩父母小故事"，每天找寻父母的好处，以此培养自己的知恩和感恩之心，从中深刻感知父母和长辈的恩情，并萌生回报父母和长辈、回报社会的真心。带着这样的真心去磨炼自己，就一定能够成为一名优秀的匠人。

在秋山木工，像清水欢太和古贺裕子这样的弟子还有很多。能够将他们培养成优秀的匠人，是作为师父最高兴的事情。

当然，这其中必不可少的，是父母和长辈的共同协力。今天的父母往往把孩子的教育问题直接推给老师和学校，而老师和学校也很少能够在教育过程中充分发挥父母和长辈的巨大作用。

然而在秋山木工的育人方法中，父母和长辈、学徒和身为师父的我，是一体的，三方同频共振，才能激发出弟子们的潜力，也能帮助父母、师长继续不断长进。

对于每一个弟子来说，整个修学的过程就是他们知恩、感恩和报恩的行孝过程。诸位年轻的读者如果能够按照行孝的10个方法去实践，也一定能够像秋山木工的学徒们一样，走出自己的成功人生。

同样，对于已经身为父母的读者也可从中观照自己的生命状态。因为，今天父母的生命状态很大程度上决定了自己孩子的生命状态。父母是孩子的榜样，我们是否对生命有所追求？是否足够孝敬自己的父母？子女是父母的反射镜，我们做父母的改变了，孩子们也会改变；孩子们改变了，我们也会从中成长进步。

以上就是秋山木工的育人之道。

下面摘录的是秋山木工的弟子们与父母祖先连接的小故事，希望对诸位在行孝方面有所帮助。

要让父母
看到我不断成长

浜井步友／二十岁

浜井步友说

　　我梦想成为一名木匠，今年才从九州岛大分县来到东京进入秋山木工。我将来的目标是成为九州岛第一木匠，让父母开心。

　　我的父母离婚了，母亲一边工作一边和祖母一起养育姐姐和我们三胞胎，我们一家有四姐妹。即使很辛苦，但母亲从没让我们看到过她愁容满面的样子。她一直都开朗积极地向前走，谁要是抱怨几句，她就立刻制止，每日总是笑脸迎人。虽然我有点怕生，但我相信自己应该也有母亲那样积极开朗的一面，所以我一直仿效母亲的优点，为了能让客户笑逐颜开而认真努力着。

　　现在虽然不住在一起，但我一直觉得母亲在身边陪着我呢！这种感觉很强烈，所以我并不觉得寂寞。或许倒不如说，正是离开了母亲，我才知道原来除了家人还有这么多人支持我，所以觉得很幸福。家族的叔叔们、妹妹们、邻居们、朋友们，正是有他们的支持，才有现在的我。

为了能让大家更清晰地看到这一联系，我要更加、更加努力。

对我来说，尽孝就是让父母看到我不断成长的样子。最大的孝顺，就是成为一个能够关爱他人、心胸宽广的人。为此，即使遭遇苦难，也不要想着是苦难，要继续乐观开朗地做下去。

一个人如果不用大脑思考，而是打从心里这样想，心胸便能够从容开阔，也就更能为他人着想了。

一心投入
能战胜疾病

佐藤修悟／十九岁

佐藤修悟说

　　我干劲十足地来到秋山木工学做家具，但一开始却被要求做自我介绍，而且，如果没办法好好介绍自己的话，还不让回宿舍。老实说，我一直想不通，为什么要让我做这些不相干的事？心里一边想快从这里解脱，一边又想要得到师父的认可，拼全力埋头苦干。

　　但是，回到宿舍，冷静下来一想，师父说的话蛮有道理的呢！那句"木匠只有技术是不行的"一直萦绕心头。

　　师父说，怎样让离我最近的人——父母高兴起来呢？如果连这个都不懂的话，哪有办法让素昧平生的客户高兴呢？做不到这点的话，我想，也许光有手艺也无用武之地。

　　接下来的十天考试，让我领悟到了必须要感恩父母。高中毕业以后我就一直住在老家，从饭食的准备到生活的照顾，我认为父母为我做这些都是理所当然的。当然不是，我明白了他们骂我也都为了我好，我重新认识到父母的坚强和伟大。

并且，在那十天里，从匠人须知30条，到制作家具使用的50种不同的工具和材料，以及家具的清洁方式、保存方法，还有算盘、书法等，师父都教给了我们。

在我学习对每一位教导我的人道谢的时候，我明白不仅仅是现在应该感谢，今后也要感谢许多人的支持，如此才能往前走。

考试结束后，我真心这样想——要在这里磨炼自己的心性和技术，要让父母为我欢欣！

我从两岁开始每天要注射四次糖尿病药剂（胰岛素），在秋山木工这里专心努力一年之后，竟不知不觉停药了。（糖尿病患者请遵医嘱。）之前，父母一直担忧我的病情，这是我第一次让父母惊喜感动。

我要继续好好学习，等我成长到可以独自制作家具并被父母认可的时候，我想那才能算是我第一次尽孝吧！

因父母的信任
要更努力

加藤飒人 / 二十三岁

加藤飒人说

　　我在大学学习造园技术，毕业后来到秋山木工。

　　我们家族沿袭造园业已有一百多年，我是第九代。我的目标是先要在这里磨炼我的品性，并完全掌握可以独当一面做家具的技术，成为一名感动更多人的木匠，进而继承家业，凝聚员工。

　　我相信这就是最大的孝行。

　　现在，父母最开心的是，收到我寄回去的日志报告和素描簿。他们给我回信的时候，总会写着"字写得真漂亮啊""让你去那里真是太好了"这些鼓励我的话。听说母亲每次读报告的时候，读着读着就会哭起来。

　　今年是第二年了，最开始在同期五个人里，我是最不中用的，老是失败，总给身边的人添麻烦。虽然很难启齿，但是迄今为止，我基本上没让父母责备过，所以，在这里被师父和师兄训斥时，实在很紧张也很难堪。写报告也是，每天都得接受师兄的批评，说真的，我觉得面子都快丢光了。母亲看到报告很担心，给我写了"去观摩一下写得最好的报告吧！""难受的时候就深呼吸吧！"之类鼓舞的话。

在公司同事面前，看着母亲来的回信，满腔暖意升起，我情不自禁大哭起来。但是，就因为自己的无能如此暴露在大家面前，反而转换了我的心情。

秋山师父是一位拥有强烈信念、决心培养人才的人。虽然因为我总犯同一个错误被他训斥，但他还是不厌其烦地指导我，让我相信自己，他完全不觉得跟这家伙说什么都白费力气。

正因为父母和师父这么信任我，我一定要更努力，绝不能辜负了他们。

想为母亲创作
并成为女木匠典范

阪本薰子 / 三十五岁

我从短期大学毕业，工作一段时间后，二十八岁才来到秋山木工。

"快三十岁的人了才去做木匠？一个女人做些稳定、没什么挑战的工作就可以了！"我父母之前总抱持这样的想法，但我决心去做我喜欢的工作，所以不顾家人反对，毅然来到秋山木工。有位以结婚为前提而交往的男友，也因此分手了，这更让我的父母懊恼。

进入秋山木工，比想象中更残酷的日子乍然来到。从"你真是傲慢"开始，到好多次被骂"不机灵""就按照说的去做也做不到""要动动脑啊！""简直笨蛋"……我也想按师父教的那样去做，但二十八年来积累的自我意识和社会经验成了我的障碍，不管怎么做都不对劲，就是无法像同期生那样老实听话去做，我感觉就像撞上一堵高墙。

前三年，脑子里全是"在我能够做家具之前，只能忍"，但现在回想起来，正因为比大家起步晚，所以我才有一种无论怎样艰苦也得努力坚持的心态，如果自己是十八岁时被父母送来，恐怕根本坚持不了。

这八年，我非常感谢揪心支持我的父母，还有愿意培养一个二十八岁女性新人的师父。师父为了培养我，一定是用了培养别人的十倍能量。这样一想，原来我曾处在一种何等幸运的环境啊，到现在我仍深感幸福。

在秋山木工做木匠的最后一年，师父反复对我说"谦虚很重要"，我到现在才明白。

木匠的世界目前还是男性的社会，作为女性在这里被培养为一名木匠，我必须让自己的人生更丰富。今年，我结婚了，还生了孩子，我一直想为母亲创作能让她觉得"要是有件这样的家具就好了"的作品。我要勇敢探索还没有人前往的木匠领域。

我想向后代证明，女性也好、结了婚也好、生了孩子也好，都有可能成为一流木匠。

为家计奋斗
反而使我强大

松浦尚见 / 三十岁

松浦尚见说

完成秋山木工的八年研修后，我四年前开始在大阪的公司当木匠。

我的家庭环境有些复杂。进入秋山木工之后，父母离婚了，母亲和我继父生活，父亲则和四个弟弟一起生活。我的工资不高，但还是每个月都给父亲寄送生活费。因为在大学时一直有奖学金，所以给家里生活费之后，奖学金还够维持我的生活。实际上，我离家也是为了帮助家计，即使我个人的生活拮据，但我想要大家快乐，因此，仔细盘算后，我决定去提供膳宿的秋山木工。

因为抱着破釜沉舟的决心来到秋山木工，所以我相当努力。虽然身边的人都说秋山木工极严苛，但我对所有要求与批评只觉得感谢，能够直接指出我的问题真是太好了，因而并没感觉严苛。

老实说，起初我也曾经想过"这样说不会太过分了吗"，但如今回想长辈对我说过的话，我已经明白大部分都很有道理，而且更因为有了师兄的指导和批评，我才能把握正确的方向，还拓宽了视野。

顺便说一句，这次为了接受采访，我重读了一遍我的报告，才发现自己曾经多么自大，那样的我遭受训斥也是应该的啊！

我在秋山木工学会了关爱他人。我目前所在的职场，因为有许多木匠前辈在，所以我的职责就是观察前辈们想要做的事情，然后提前为他们做好相应的准备。我认为我能够做得好，是因为曾经在秋山木工受训。当徒弟时，曾参与拍摄以我为主角的纪录片《我，要成为木匠》，因而在现在的公司里，我也备受期待。

我一直以秋山木工出身为傲，期许自己能做到比大家所期待的更杰出。

虽然周围的人说我"个子不高但脸皮厚"，但其实我从不把逆境当逆境，因为我相当自信、自负，总想着如果支撑家计的我倒下了，家人可怎么办呢？这份动力和面对工作的能量，在我看来是一样的。

只是想"亲人很重要"无济于事，而且等亲人去世，一切就晚了，所以要在亲人还健在的时候，用心付诸行动，让他们看到我作为木匠活跃的身姿，希望他们安心欢喜。

母亲的笑颜
与乐在工作中

石冈佑 / 三十三岁

石冈佑说

在秋山木工八年研修结束后，我到岐阜县修业三年，再回到秋山木工做木匠，然后才从秋山木工集团的公司独立出来，今年是第二年。

提起学徒时代的回忆，最重要的就是在全国技能大赛上取得金牌的故事。

记得在研修第二年，我第一次出场，连在规定时间内完成家具都做不到，输得一塌糊涂。那时我非常懊悔也不甘心，回去之后立刻拜托师父允准明年也让我参加。那之后一年时间里，我从早到晚，只要有空就会练习比赛项目。也许从那时候起，养成了独立思考的习惯。

成为木匠的第一年，突然被指名当厂长的时候，也是每天都在想"怎么样才能早点完成"任务。当时木匠的人数还很少，虽然已经被选用了，但自己毕竟还是个学徒呢，任用一个学徒来管理工厂是有风险的。我有时连对错都搞不懂，所以压力很大，非常苦恼。但是，如果自己不能思考奋进的话，客户是不会等我的，正是那个经验逼着我成长。

如今我想，努力这回事真的乐趣无穷。虽然有前辈说"工作不能当消遣"，但我就是喜欢寓乐于工作的那一类人。觉得有趣而动手的时候，正是灵感迸发的时候。但是，如果自己没有深入思考过的话，不管说多少次"要享受工作"，都没办法达到那种乐在工作的心境。因此，我常要员工们"自己好好去想"。

到目前为止，我认为我做到的最佳孝行，就是顺利地成了一名家具木匠。

父母离婚后，父亲在我成年之前就去世了，所以母亲一边做护士，一边抚养我和哥哥。母亲性格刚毅，口头禅一向都是"请胜过我让我瞧瞧"。这样刚毅的母亲却在我被授予木匠法被的毕业典礼上哭泣不止。她对我说："这么一来，我的使命完成了，今后请走你自己的路吧！"

到现在我也还没能超过我的母亲，但是我一直在寻找能够让母亲欢笑的事情，即使再简单的事情也好。像她说有想要的包包，我就买给她，或者自己做家具送给她。

我不想看到母亲哭泣或愤怒，能看到母亲的笑容，我自己也很开心。被母亲带到这个世界来，真好！

要为孩子
做父母为我做过的事

小松恭平 / 三十五岁

小松恭平说

从秋山木工毕业后，我和小三期的学妹敦子结婚，两年前独立出来，在埼玉县经营"小松家具工艺"，目前育有二子。

在秋山木工能学到别处学不到的东西。其一，对工作效率的讲究。虽然做一件家具不会有太大的时间差别，但仍要妥善安排准备。比方说，先把必要的道具摆放在身边，就能够省出找工具和拿工具的时间，师父曾在这部分严格要求我，使得如今周遭的人总说看我工作几乎"像机枪一样流利"，这个教诲让我受用无穷。

其二，行孝。

秋山木工甄选学徒还要面试父母，那之前我认为父母没什么了不起的，但那之后，想法大变。师父不管教什么，都会提到父母、父母、父母……写报告如此，做木工也如此，他总是说："这一切都是为了让你们的父母开心。"多亏师父的教诲，让行孝的种子在我心中深深扎根，并且发芽茁壮成长。

常听说师父如何如何重视家人，所以那时候我经常想，将来回到老家，我也要为家人做这样的事。

到现在为止我做到的孝行，应该是让父母有了孙子吧！特别是我的岳父母，他们被孙子围绕的时候，看起来真的很幸福。每次见面，他们都会说："敦子能和恭平结婚真是太好了。"在现代社会环境中，一家之主要从事木匠工作，是相当严苛的挑战，但敦子说这样的生活不只是她的梦想，也是她的幸福。岳父母很为女儿高兴。

还有就是在我决定独立创业的时候，我们双方的父母都开心支持。我父亲是自营业者，妻子的父亲也经营一家公司，所以他们给了我很多建议。即使业种不同，但经营的基本道理都是相通的，在我创业之后，更加深深崇敬父亲们。

那之后，我常想着也要为我的孩子做父母为我做过的事，我想这就是行孝吧！行孝把三代人紧紧联结在一起。

以怀抱责任、
超越能力来行孝

门胁勇树 / 三十七岁

门胁勇树说

　　我目前在家乡山形县经营"彩树工作室"，这是我独立创业的第六年，雇有两名职员。

　　说到进秋山木工的回忆，记得最初走出山形县时，师父带我去吃了牛肉盖饭，那是我第一次吃，觉得非常好吃，所以想都没想就决定留下来了。

　　"我想让祖母也吃到这个！"那时我是这样想的。师父只对我说："别忘了这份心情。要珍视家人，并且勇于负责，在工作上一定会成功，父母也会以你为荣，为你高兴。"

　　我家原本有祖父母、父母还有包括我在内的兄弟三个，七人一起生活。我出生在一个大家族里，所以当我独自到横滨的时候，想家的感觉好像比别人强上一倍。现在我结了婚，有了两个孩子，但还是和祖父母、父母生活在一起。

　　为了具体展现一流木匠的责任感，我始终认真聆听客户的需求，想交出能让他们满意的作品。我的能力还不如师父，所以会花很多时间反复确认客户的需求，如此到实际动手时，不必看草图也能得心应手。

我学到的重点是，不可以自我为中心、不能自傲自满。因为严格来说，那其实不是自己的作品，只是尽力满足客户的需求、让客户开心。这一点或许与行孝是相通的。

现在，我也站到培养人才的位子上，我主要传达给徒弟的还是责任感。我经常说，工作前要先准备、安排，最后才能有成果，即使只用一个道具，也要保证能合理顺畅地进行作业，所以要把使用的工具放在身边，用完后再放回原来的位置，这点很重要。客户家里摆放的我们做的家具，正是我们师徒及客户三人互相合作的成果，确保合作无间就是充满责任感的行为。

我如今的目标是给自己稍微超出能力范围的工作量。现阶段该努力扩大公司规模，以找到更广阔的发挥空间。

我觉得让父母看到我上进的样子，就是我尽孝的行动。

为让父母高兴
把工作做到极致

野崎义嗣 / 四十六岁

　　从秋山木工毕业后，我去德国和丹麦进修，十年前在横滨创立"Makaroni设计公司"，专门做定制家具。

　　在秋山木工学到的，主要是在定制内容的基础上，在完全了解客户的使用习惯后，为之创作一件能够永久使用的家具，也就是一件能够让客户觉得有了它生活更加美好的家具。师父教导我，这就是一名出色木匠的责任。

　　在进入公司之后，我就明白，工作要做到这样，在木匠界才会有一席之地。等"出人头地"了，就能把头从水里抬起来，虽然目前一时还在水面下，要坚定忍耐。当时就有这样的自觉。然而，同期学徒有十个人，并不是人人都有机会出头，难免有人会一直待在水面下，所以我强烈地渴望积累经验、出人头地。

　　师父教会了我这样一个生手。为了回报他，我也仿效他

野崎义嗣（右二）

培养出色的人才。像秋山木工一样，我希望我的公司也能够被社会需要。秋山师父厉害之处在于因材施教，也就是你是怎样的程度，他就怎样教你，不早也不晚，不快也不慢。我也要这样做。

行孝和工作的共同点就是要把想做的事情一直坚持到最后！父母总是对我说，去做你想做的事，所以对我来说，做一名家具木匠，并做到极致就是尽孝。相较之下赚不赚钱，反而不是最重要的。只因为我想做这件事，所以要坚持做到最好，做到满意，做到超越客户的要求。

对我来说，做家具既能够让父母高兴，又能让客户欢喜，还能赚钱，真是我宝贵的财富。感恩秋山木工赐予我这份财富。

父母教我
绝不半途而废

石森芳郎 / 四十九岁

十二年前，我在横滨开了一间定制家具的"石森木匠工作室"。

在那之前，我曾到许多地方学习，其中最能陶冶情操的，我想要数秋山木工了。

在木匠养成的世界，处处是严峻的挑战，但在秋山木工，我主要是被开发了精神的力量，因此虽然在技术上几度信心崩溃，但最后还是能重新站起来，并且积累了宝贵经验。

换句话说，秋山木工让我学会"至少精神上不能放弃、不要输"，这项精神武器在哪里都用得上。如果做不到这点，到哪里都很难成功。

其实，在秋山木工研修期间，我也曾动念放弃。那时正值日本泡沫经济时期，在一般企业工作的同级同学，有的人光年终奖金就已超过百万日元了，而我不但没奖金，休假时间也少得可怜。所以我也曾怀疑，这样下去行吗？但终究没放弃，因为我喜欢木工。

"别想太多了，为了赚钱去做自己不喜欢的工作，还不如留在这里。"当时我是这样告诉自己的。

之后，我以独立创业为目标，疯狂地投入学习。父母自小教育我，人做什么都行，就怕半途而废。所以，我发誓绝对不能放弃。

我终于能独立创业的时候，父母相当开心。现在，我真觉得做东西有无限的乐趣。我喜欢做东西，最开心的就是把东西交给客户的时候，看到客户开心满意的模样。我想一直这样工作下去。

作为一名经营者，我一直希望能做出一番成绩让秋山师父看看。但我还是赢不了他，正因为我没赢，所以才更想在他的身边继续偷学。

我要做一个像秋山师父那样，能够让世人看到自己不断成长的人。

自我介绍时的一句话
让父子梦想实现

八木田刚 / 四十二岁

八木田刚说

从秋山木工毕业后，我就和兼营涂装与门窗业务的父亲一起，成立了定制家具公司"涩川工房"，至今已十四年了。

从小我就喜欢动手做东西，对一个人能独立完成的家具制作特别感兴趣；再加上自认不善言辞，只适合埋头动手做东西，所以当高中设计课老师把秋山木工招聘学徒的资料拿给我们时，我毫不迟疑就报名了。

从秋山木工出来的人都说那里超严格，不过我个人对和同龄人一起住宿学习的生活，却只有快乐的回忆。在技术方面，四位前辈匠人会用四种不同的方式打造一张桌子，我就能同时学到四种做桌子的方法，渐渐地再加上自己的思考、创意，最后形成自己的方法，且效率极高。

我们父子创业的起因，源于进入秋山木工后立即进行的自我介绍。

当时我在脑子里拼命思索，想说点好听的，最后情急之下脱口而出："我父亲也是工匠，将来我想成立一家公司，和父亲一起工作，让父母高兴。"不料这个景象被录下来，父母看到后非常震撼，说："既然如此，我们就朝这个目标一起努力吧！"从那之后，我们真的开始认真谋划创业的事。

秋山木工八年学习生活结束以后，我回到岩手县老家，父亲便说："土地已经买了，我也要马上辞去现在的工作。"虽然不能说是"弄假成真"，但一切终究是源自我无心说出的一句话，如今竟成了事实。

另外一个始料不及的改变是，既然成为经营者，理所当然要参与经营销售，如果不克服自己不善言辞的困难，如何给自己和员工们的生活提供保证？我经常回想秋山社长讲的那句话："即使有技术，一个沉默寡言、顽固不化的匠人是拿不到订单的。"因而我开始努力练习以和蔼的态度与人沟通。

的确，倘若不好好与人交流，不仅没工作可做，甚至连亲子关系也搞不好。

所以我学会了和客户沟通、和父亲聊天、和员工交流。我发现说话与行孝和事业的成功其实大有关系！

从父亲那里继承
木工涂装之火

腰原崇 / 四十五岁

腰原崇说

　　父亲和秋山社长原是同事，他是秋山木工集团公司的一员，而后独立创办"腰原漆装公司"，公司就设在秋山木工对面，中间只隔着一条街道。

　　我自己在秋山木工学习了八年，之后回家执掌家业，做了"腰原漆装"的第二代社长，至今已有二十四年了。

　　从当学徒开始，我就有明确的目标——毕业后进"腰原漆装"工作。虽然我也曾想到其他地方进修，但在秋山木工学习之后，以及观摩商店里摆放的家具和各类涂装厂家的工作后，我拿定了主张，不再三心二意。

　　父亲腰原胜一直认为自己是日本的顶级匠人，我在匠人修行中渐渐理解其中深意。我明白与其离开父亲到别处，倒不如待在父亲身边继续学习更能掌握工作要领。

　　因为是自己的父亲，我夸赞他会让他难为情，但父亲工作中极强的应变能力确实令我肃然起敬。例如有客人要求漆出古董一样的做旧感，或者遇到什么突发状况，他总能气定神闲、游刃有余。

另外，将一些东西搭配组合产生崭新的方案，他在这方面的创意能力也非常突出。

秋山社长经常说："没有替客人着想之心，想象力就不会发挥作用。"我认为说得非常对。顺便说一下，我也算个孝顺的人，但还比不上父亲和秋山社长。

我也有让父亲失望的时候。父亲自己没能上大学，所以希望儿子能读大学，但我却因为讨厌读书而上了技职学校，没能替父亲完成他未竟的梦想。现在，我作为继承者和父亲一起工作，希望父母至少能为我高兴。

木工涂装行业堪称冷门。在关东近郊地区，像我们这样有六名工匠的公司几乎没有。虽然不是什么传统工艺，但如果这门技术绝迹，还是有很多人会受到影响。从这个意义上来说，我们的工作还是挺值得自豪的。

望着父亲的背影，我在心里暗自发誓，一定不让木工涂装之火熄灭。现在，我的任务是在有生之年尽可能多培养一些技术出众的匠人，也希望我的弟子们再去培养更多的年轻人。

最近突然对秋山社长培育人才的心情有了几分领会！

只知追求金牌
不等于尽孝

佐藤伸吾／二十二岁

佐藤伸吾说

　　高中毕业进入秋山木工之后，我一直对周围人说："在全国技能大赛上夺得金牌，对我来说就是尽孝。"当学徒第一年，我一心想让父母高兴，于是参加了技能大赛，果然一举就勇夺铜牌，爸妈和我都很惊讶且兴奋。

　　不过，社长却告诫我："你以为这样就结束了学徒生涯？那明年够你瞧的了！"但当时我没听进去，因为我深信第一年能获得铜牌，第二年必能轻松摘金。

　　然而，骄傲自满导致我粗心大意，结果在第二年、第三年连续两届技能大赛上，我不仅没能摘金，甚至连铜牌也没得到。

　　去年的金牌选手，是我第一年首次参赛时没能夺牌的人，他和我一样连续参赛，所以我清楚知道，仅仅一年时间，他的技术就提高到令人震惊的程度，而我还停留在一年前的水平。

到第三次参赛的时候，我终于明白了社长那句话。

今年是我当学徒的第四年，我请求社长允许我第四次参赛。虽然屡屡败北，但社长还是答应了。对此我深表感谢，今年我要以谦虚的态度认真应对，不给社长丢脸，不让自己后悔。

社长告诫我们说："不要以为仅以大赛为目标而努力就行，要自问从去年开始的一年，你是怎么过的？能坦然不心虚地回答这个问题，完美展现平时的实力，这才是真正的技能大赛。"在这一年时间里，我也认真考虑了这个问题，我不该只以大赛为目标，而是要让后辈学弟学妹们和我一起成长，并将此视为自己的职责。例如碰到回答问题态度不好的，或者准备工作做得慢的人，即使只是当场提醒，也要注意方法是否得当。如果上级能够顺畅地指导下级，那么大家都会变得谦虚，技术和人格境界也将不断提升。

我认为认识到这点是进步的一个象征。

其实，在去年技能大赛开始之前，我在使用机器时大拇指受了重伤，这也是自己精神涣散的结果。虽然手指没被切断，但作为工匠重要的大拇指第一个关节以上已经没有知觉了。这次教训绝不能只属于我一个人，我决心以受伤的自己为例，将机械的可怕之处告诉后辈们，让他们不再因此受伤，我要多管一些这样的"闲事"。

当然，仍期盼将来拿到金牌，相信那时父母也会高兴！

"毫无价值的银牌"
的启示

山本真畅／三十二岁

在秋山木工学习八年后，我进入北海道一家量产家具工厂做了三年半，然后再回到秋山木工，如今已过了两年半，目前担任厂长。

我认为自己是来这里学习之后才懂得父母之恩的。秋山木工会集了全国各地以成为匠人为奋斗目标的人，因此那里经常能收到各个学员父母的来信和各地名产。我出生于静冈县，父母经常寄来橘子，每次看到又有东西送到，就会深深体会到天下父母心。

另外，对我来说，远离了父母，才发现他们其实是很好的知心人。在一起生活的时候，总觉得他们很烦，但现在细细阅读我的工作日志，最想了解我工作生活状态的却是他们。当学徒时，我曾两度和父母商量想放弃，每次都在和父母谈话之后，重新建立了信心，并决心付出更多的努力，学业因而得以继续。

使我萌生退意的原因之一是，在技能大赛上连续两年获得银牌后，秋山社长却冷峻地说那是"毫无价值的银牌"。

自进入公司以来，社长一直说我顽固，因为往往他说东，我却偏要向西，不惜和他起冲突。技能大赛当天，社长要我从左侧起手，我不听，执意从右侧开始，结果输掉了比赛。在我离开秋山木工，去别的地方学习之后，才渐渐领悟社长经常说的那句话："顽固不化是行不通的，一流匠人必须灵活。"

现在，我作为厂长，负责高效生产不负秋山木工名声的家具，同时还负责社长安排的另一个任务，那就是培养新学徒，让他们成长为优秀工匠。不能让他们因年轻而骄纵，要叮嘱他们取用的东西务必归回原位，借用的东西要如期归还，收到礼物要回信致谢等。作为一个社会人要懂得这些理所当然的礼节，这十分重要。基本的都不会，何以待人接物？只要懂得时时站在对方的立场思考，每日行为便会改变。

至于孝敬父母方面，我每年都会自制家具送给他们。从入社第一年开始，每年增加一个，十五年后的今天，父母的屋里已摆满了我做的家具。虽然爸妈说够了，但我还会继续努力满足他们的需要。

浇灌心田里的
孝道种子

近藤洋志 / 五十七岁

我一直协助秋山社长工作，负责秋山木工日常事务，如今已三十年了。

我们的人才教育理念是：为社会、为大众培养能大显身手的一流工匠。为此，最基本的要求就是必须践行孝道。我们每天对学徒们强调秋山社长提出的"不珍重父母的人就不会珍重客户"的理念。

孩子们并没有意识到，在家里，自己是如何被父母所珍惜与呵护而长大的，让孩子们意识到这些，是我们的责任。当他们明白，原来爸妈那么为自己担心，就会涌现感激之情。我们要为孩子们心田里的孝道种子浇水、施肥，帮助它们开花结果。

电视里那些奥运得奖的运动员总说："能获得这枚奖牌，不是我一个人的能力，而是所有支持我的人共同努力的成果。"我想，缺乏感恩之心的人，在任何领域都不可能有成就。因为感恩自己受到的帮助，自己也会乐于去帮助别人。我觉得这是人类良善的本质。

对于那些不能理解秋山教诲的孩子，我就把秋山的话掰开揉碎了，再讲解给他们听。社长生气时只说要点，新学徒往往搞不清为什么，于是我就进一步解说，这样他们就能理解并接受。

关于这个问题，解决方法是，前辈指导后辈之前必须先理解他们的困难。在我的帮助下，慢慢明白社长意图的孩子增多了，于是我就督促他们再去指导低年级的学徒。如此一来，指导者本人因为又重复了一遍，把重要的事情记得更牢固了。

说到秋山木工为什么要同食同宿、过集体生活，这是有道理的。今天现场这件事做得很好、今天那里出现了失误……不管出什么事，因为大家生活在一起，才可以立即互相通报，也随时共同学习进步，这是秋山社长的基本出发点。所以我每年也都跟大家说："难得有这样的学习场所，好好把握利用吧！"

因为秋山木工的男女学员都要剃光头，且禁止使用手机、禁止谈恋爱，所以被外界视为一家十分严苛的公司；但依我之见，全世界像秋山木工这样认真为每个学徒着想的公司，只此一家、别无分号。今后我们还会本着深刻的爱，为了把孩子们培养成一流工匠而坚持努力。